Ihr Hobby

Leopardgeckos

Gerti Keller · Eva-Grit Schneider

Ulmer

Fachliche Durchsicht: Marcel Bußkönning, Reptilien Shop, Paderborn, mbusskoenning@gmx.de, Dr. Jürgen Schmidt, Ruhmannsfelden.
Alle Fotos stammen von Christine Steimer außer Seite 30: Archiv bede-Verlag.
Titelfoto: Tierfotoagentur/P. Weimann

Die in diesem Buch enthaltenen Empfehlungen und Angaben sind vom Autor mit größter Sorgfalt zusammengestellt und geprüft worden. Eine Garantie für die Richtigkeit der Angaben kann aber nicht gegeben werden. Autor und Verlag übernehmen keinerlei Haftung für Schäden und Unfälle.

Bibliografische Information der Deutschen Nationalbibliothek
Die Deutsche Nationalbibliothek verzeichnet diese Publikation in der Deutschen Nationalbibliografie; detaillierte bibliografische Daten sind im Internet über http://dnb.d-nb.de abrufbar.

Wollgrasweg 41, 70599 Stuttgart (Hohenheim)
E-Mail: info@ulmer.de
Internet: www.ulmer.de
Umschlaggestaltung: Sojus Design, Kai Twelbeck, Stuttgart
Druck und Bindung: Westermann Druck, Zwickau
Printed in Germany

ISBN 978-3-8001-8255-8

Inhaltsverzeichnis

Seite 4 und 5: Typischer Lebensraum, in dem Leopardgeckos weit verbreitet leben.

Einleitung

Sie sind fast so alt wie die Welt. Seit rund 50 Millionen Jahren bevölkern Geckos die Erde. Und dabei haben sie sich – im Lauf ihrer langen Entwicklung – über den ganzen Globus ausgebreitet. Heute findet man sie ebenso in schwül-feuchten Regenwäldern wie in staubtrockenen Wüsten. Einige leben zurückgezogen in einsamen Landstrichen, die nahezu nie von Menschen betreten werden. Andere wiederum bewohnen Hauswände und Dächer. Manchmal huschen sie sogar durch die Tür und flitzen über die Decke – kopfüber.
Doch viele Arten sind fürs Terrarium ungeeignet. Zu den Ausnahmen zählen die Leopardgeckos.

Seit den Anfängen der Terraristik gehören sie zu den bekanntesten Terrarientieren. Und das hat gleich mehrere Gründe: Die putzigen Gesellen sind nicht nur pflegeleicht, sondern auch sehr robust. Daher auch für Einsteiger geeignet. Außerdem werden die Leos – wie sie von eingefleischten Terrarianern genannt werden – zutraulich, einige sogar handzahm! Mit ihren großen Augen, dem berühmten „Lächeln" und der exotischen Zeichnung sind sie ausgesprochen hübsch anzusehen.
Hinzu kommt: Neben der normalen Leopardzeichnung, die diesen Echsen ihren Namen gegeben hat, existieren mittler-

Seit langem ein Blickfang in heimischen Terrarien: der Leopardgecko ein attraktiver Terrarienbewohner, mit toller Körperzeichnung.

weile auch sehr bunte, intensiv gelborange und gelbe Exemplare, die nicht selten bizarr gemustert sind. Allerdings war hier nicht die Natur am Werk. Bei diesen Reptilien hat der Mensch die Evolution in die Hand genommen und ein wenig in „Gottes großem Malkasten" durch Zuchtversuche mitgemischt.

Neben den Geckos selbst, kann man auch das Terrarium zu einem echten Blickfang gestalten. Da diese Echsen Wüstenbewohner sind, freuen sie sich über eine Mini-Sahara – mit Sandboden, dunklen Höhlen, Wasser speichernden Pflanzen, wie lebenden Steinen und trockenen Hölzern zum Klettern. Leopardgeckos zählen nicht zu den Luftikussen, die mühelos eine glatte Wand hoch spazieren. Sie haben winzige Krallen an den Füßen, mit denen sie graben, und Felswände erklimmen können.

Trotz aller Vorteile sollte man sich vor dem Kauf über folgende Punkte im Klaren sein: Leos sind alles andere als alltägliche Haustiere. Man kann sie nicht streicheln oder mit ihnen kuscheln. Auch handelt es sich um dämmerungs- und nachtaktive Lebewesen. Daher eignen sie sich besonders für berufstätige Menschen. Kommt man nach Feierabend nach Hause, werden sie fit.

Wer jedoch gerne exotische Reptilien beobachtet, kommt voll auf seine Kosten. So ist es überaus faszinierend, sich nach der Fütterung vor das Terrarium zu setzen und seinen ungewöhnlichen Mitbewohnern beim Beutefang zuzusehen. Denn sie sind ganz ausgezeichnete Jäger. Werden sie gut behandelt, dann danken sie dies ihrem Besitzer durch ein Leben von mehr als 20 Jahren. Und nicht nur das: Fühlen sich die Leopardgeckos wohl, darf man sich bald auf Nachwuchs einstellen...

Seite 8 und 9: In den Steppen- und Wüstengebieten Indiens, Afghanistans und Pakistans sind viele Leopardgeckos beheimatet.

Mit ihrer possierlichen Art begeistern die Leopardgeckos schon seit langem die Terraristik-Welt.

Guten Abend – wenn andere müde werden, kommen die nachtaktiven Leopardgeckos aus ihrem Versteck. Dieses

Was sind Leopardgeckos?

Der Lebensraum

Schon vor rund 50 Millionen Jahren gab es Geckos. Sie gehören somit zu den Ureinwohnern unserer Erde. Zunächst bevölkerten sie Südostasien. Von dort aus verbreiteten sich die einzelnen Gattungen und Arten dann über die Welt.

Die heutige Heimat der Leopardgeckos ist Afghanistan, Pakistan und große Teile Indiens. Dort bewohnen sie trockene bis halbtrockene Steppen- und Wüstengebiete. Man kann man sie in Höhenlagen bis zu 2100 m über NN antreffen. Der Boden ist in ihrer natürlichen Umgebung ist steinig oder lehmig, die Luftfeuchtigkeit relativ hoch.

Während des Sommers klettert das Thermometer tagsüber auf Werte um die 40 °C. Doch auch in einer Wüste kann es kühl werden. Das betrifft besonders die Nächte. Ist die Sonne untergegangen, fällt die Temperatur im Sommer bis auf 10 °C. Im Winter wird es tagsüber nicht wärmer als 20 °C und nachts sinkt die Temperatur manchmal sogar unter den Gefrierpunkt.

Mit dem Wechsel der Jahreszeiten verändert sich außerdem die Luftfeuchtigkeit. Sie ist im Sommer deutlich höher als in der kalten Jahreszeit. Allerdings kümmern Kälte und Trockenheit die Leos relativ wenig. Sie verbringen diese Phase in einem frostsicheren Versteck, im Winterschlaf.

Generell hält sich diese Echsenart tagsüber zum Schlafen am liebsten unter Steinen, Wurzeln oder in Erdhöhlen auf. Denn an diesen Plätzchen ist die Erde schön feucht, was die Tiere vor Austrocknung schützt. Auf der anderen Seite sind sie in solchen Unterkünften vor Fressfeinden sicher. Erst

Wenn die Sonne untergeht, werden die Leopardgeckos fit. Jetzt machen sie sich auf die Suche nach Fressbarem.

in der Dämmerung werden sie wach und streifen auf der Suche nach Futter umher. In freier Natur kann man sie dann auch schon mal auf einem Felsen antreffen. Denn diese Reptilien sind auch begeisterte Kletterer.

Die Körpermerkmale

Die Körperlänge eines ausgewachsenen Tieres liegt zwischen 20 bis über 25 cm. Es gibt aber auch Exemplare, die nur 15 cm groß werden. Auf die Waage bringen sie ein Gewicht von 30 bis 40 Gramm. Weibchen sind in der Regel etwas kleiner und leichter als Männchen.

Musterung und Färbung

Auch wenn nicht alle Tiere einheitlich gefärbt sind, gibt es doch typische Grundmuster. Ihren Namen verdankt die Spezies dem leopardenartigen Aussehen: zahlreiche schwarzbraune Punkte und Flecken auf weißem bis gelblichem Untergrund. Doch diese Zeichnung besitzen nur die erwachsenen Tiere. Die meisten Jungtiere haben statt Flecken mehrere dunkle Querstreifen. Ein weiterer Unterschied: Die Haut vieler junger Geckos ist samtig. Erst mit der Zeit wird sie rauer und es bilden sich Noppen aus.
Sowohl Halspartie als auch Bauchseite sind bei jungen und alten Tieren meist weiß. Allerdings weisen manche Exemplare auch auf der Unterseite dunkle Flecken auf. Dagegen ist der Kopfbereich bei allen Exem-

Bei diesem Exemplar sind die kleinen Zähnchen gut zu sehen.

plaren dunkel. Ein weiteres häufiges Merkmal dieser Echsenart ist ein weiß-dunkel geringelter Schwanz, der manchmal punktartig gezeichnet ist. Die Farben der jungen Tiere ändern sich jedoch zwischen dem neunten und zwölften Lebensmonat – dem Zeitpunkt ihrer Geschlechtsreife. Neben diesen natürlichen Varianten existieren zusätzlich zahlreiche Farbschläge, die durch Zucht entstehen.

Lider und Krallen

Neben dem Leoparden-Muster gibt es weitere charakteristische Kennzeichen. Im Gegensatz zu anderen Geckoarten besitzen Leopardgeckos bewegliche Augenlider. Deshalb werden sie zu den Lidgeckos zusammen gefasst. Das heißt, sie können ihre Augen schließen. Zu diesem Zweck heben sie allerdings - anders als der Mensch - das

Typisch für Jungtiere: die Querstreifen.

Das Foto unten zeigt anschaulich die unterschiedlichen Zeichnungen von Jung- und Alttieren. Vorsicht: Dieses Motiv darf nicht nachgeahmt werden, da die erwachsenen Geckos den Nachwuchs immer auffressen würden. Nur unter Kontrolle wurden diese beiden Geckos zur Demonstration der Zeichnungsunterschiede zusammen gesetzt.

Unterlid an. Ein Grund für diese Besonderheit ist der Schutz der empfindlichen Augen, die für den Gecko überlebenswichtig sind. Denn diese Reptilien orientieren sich hauptsächlich über ihr Sehvermögen.

Sie besitzen hochentwickelte Linsenaugen, die mit einer Schlitzpupille ausgestattet sind. Bei Helligkeit bleibt der senkrechte Spalt schmal. Je dunkler es wird, desto weiter öffnet er sich. Damit dieses sensible System nun nicht durch herumzappelnde Futtertiere beeinträchtigt wird, schließen die Echsen die Augen beim Schnappen ihrer Beute. Sie schlafen, genau wie Menschen mit geschlossenen Augen. Hübsch anzusehen: Zur Säuberung wischen sie sich mit der Zunge komplett über die Augen.

Ein weiteres Merkmal, das sie von den meisten anderen Geckoarten unterscheidet: Leos haben an den Füßen keine Haftlamellen. Deswegen können sie nicht, wie viele ihrer Verwandten, an glatten Wänden oder Scheiben hochklettern. Ihre Zehen enden stattdessen in kleinen, aber kräftigen Krallen.

Dank dieser Krallen sind sie gute Kletterer, die leicht steile, raue Oberflächen wie Felswände und Äste bewältigen können. Darüber hinaus eignen sich die spitzen, gebogenen Krallen ausgezeichnet, um damit im Boden zu buddeln. Eine unerlässliche Eigenschaft, die ihnen unter anderem bei der Eiablage und der Gestaltung des Verstecks von Nutzen ist.

Leos haben – im Gegensatz zu anderen Geckoarten – Krallen an den Füßen. Perfekt, um auf Ästen herumzuklettern.

Ohren und Stimme

Leopardgeckos sind nicht stumm. Sie verständigen sich durch Zischen, Quäken oder Grunzen. Auf diese Weise äußern beispielsweise Weibchen ihren Unmut gegen zudringliche Männchen. Aber Leos krakeelen auch mal im Zuge einer Rauferei oder wenn Gefahr droht. Ihre Ohren liegen übrigens auf beiden Seiten des Kopfes. Zwar befinden sich die Sinnesorgane innen, aber die Löcher sind deutlich zu sehen.

Der Schwanz

Der Schwanz dient unter anderem als Fett- und Nährstoffspeicher. Er ist normalerweise rundlich, wohlgeformt und ein guter Anhaltspunkt für den Zustand des Tieres. Sieht er kurz hinter der Wurzel klobig aus, ist sein Besitzer wahrscheinlich zu dick. Vor der Winterruhe sollte er jedoch ruhig etwas fülliger sein, damit genug Reserven für den langen Schlaf und die Ruhephase vorhanden sind. Auch kranke und trächtige Tiere zehren von diesem Nährstoffvorrat. So ist es normal, dass der Schwanz eines Weibchens nach der Eiablage abgemagert ist.
Eine weitere Funktion des Schwanzes ist der Schutz vor Feinden. Wie man es von unseren heimischen Eidechsen kennt, so autotomieren auch Leopardgeckos ihren Schwanz, wenn dieser ergriffen wird.
Dies bedeutet, dass sie ihn abwerfen. Da dieser anschließend noch einige Minuten lang zappelt und zuckt, wird der Angreifer abgelenkt und das bedrohte Tier hat Zeit, sich in Sicherheit zu bringen.
Der Schwanz wächst nach einiger Zeit nach. Bei Jungtieren geht das sehr schnell, bei älteren Exemplaren kann es dagegen sehr lange dauern. Leider wird die Nachbildung jedoch niemals mehr so schön wie das Original. So hat der neue Schwanz nicht mehr die einstige Farbenpracht. Außerdem ist seine Form anders: Regenerate sind wulstiger, oft auch kürzer und sehen fast schon rübenartig aus. Darüber hinaus sind nun keine Rillen mehr vorhanden, sondern die Haut ist glatt und weich. Hinzu kommt: Für das Tier bedeutet die Neubildung dieses Körperteils immer auch eine große körperliche Anstrengung. Daher sollten betroffene Exemplare in dieser Zeit deutlich mehr zu Fressen bekommen.

Achtung: Da auch eine Berührung als Bedrohung aufgefasst wird, darf man die Leos nie am Schwanz anfassen!

Dieser Leopradgecko hatte seinen Schwanz verloren. Jetzt ist dieser rübenförmig nachgewachsen. Man spricht hier von einem Regenerat.

Häutung

Leopardgeckos fahren regelmäßig aus der Haut. Während sich erwachsene Tiere alle drei bis vier Wochen häuten, passiert das beim Nachwuchs ungefähr alle zwei bis drei Wochen – je nach Nahrungsmenge. Denn die Haut wächst nicht mit. Das erste Anzeichen für eine bevorstehende Häutung ist: Die Haut wird stumpf und verfärbt sich grauweiß. Ist es soweit, löst sie sich in großen Stücken vom Körper. Bei diesem Vorgang helfen die Tiere aktiv mit. Stück für Stück ziehen sie sich die Haut ab. Häufig fressen sie die Fetzen anschließend gleich wieder auf, da die alte Haut Nährstoffe enthält.

Die Häutung selbst kann unterschiedlich lang dauern. Manchmal ist sie bereits nach 30 Minuten vollendet, manchmal dauert es deutlich länger. Erwachsenen, geübten Leos geht dieser Prozess im allgemeinen

Nach der Häutung sehen die Farben der Leopardgeckos wieder sehr frisch aus.

flotter von der Hand, als dem Nachwuchs. Der Terrarianer bekommt von dem faszinierenden Vorgang allerdings meist nicht viel mit. Die Häutung vollzieht sich im allgemeinen über Nacht.

Tipp: Man muss darauf achten, dass sich die Tiere wirklich komplett häuten. Besonders häufig verbleiben Hautreste an Füßen oder Schwanzspitzen. Das kann dazu führen, dass die Gliedmaßen absterben. Ursache für Häutungsprobleme ist meist eine zu niedrige Luftfeuchtigkeit. Im allgemeinen genügt es, wenn man den Sand im Terrarium befeuchtet und die Pflanzen oder andere Einrichtungsgegenstände mit Wasser besprüht. Schafft das keine Abhilfe, müssen weitere Maßnahmen ergriffen werden.
(Siehe Kapitel Krankheiten)

Bei diesem Männchen sind die Hemipenistaschen gut zu erkennen. Ebenfalls zu sehen: die Femoralporen, die sich an der Innenseite der Oberschenkel vieler Echsenarten befinden.

Der kleine Unterschied

Das Geschlecht lässt sich bei Jungtieren nur sehr schwer bestimmen. Erst mit zwölf Monaten kann man die Frage „Männchen oder Weibchen" sicher beantworten – zumindest in den allermeisten Fällen. Wie fast alle Reptilien, so besitzen auch männliche Geckos zwei Begattungsorgane. Am Ansatz ihrer Schwanzwurzel ist eine deutliche Verdickung zu erkennen, die sogenannten Hemipenistaschen. Darüber hinaus kann man das „starke Geschlecht" an seinen 9 bis 14 Präanalporen identifizieren. Diese liegen an der Unterseite vor der Kloake, sind recht kräftig ausgeprägt und haben eine Öffnung.
Im Gegensatz dazu sind die Präanalporen der Weibchen nicht so stark ausgebildet.

Die Unterseite eines Weibchens unterscheidet sich deutlich sichtbar von der eines Männchens.

Auch weisen sie im Normalfall keine oder nur eine kleine Öffnung auf. Ausnahme: Bei Weibchen, die noch als Ei bei hohen Temperaturen gezeitigt wurden, kann man ebenfalls deutlich ausgeprägte Präanalporen mit größerer Öffnung vorfinden. Ein weiteres Indiz für das Geschlecht ist die Kopfgröße. Ausgewachsene Männchen besitzen in der Regel einen kräftigeren und breiteren Kopf als die Weibchen und sind meist auch insgesamt etwas größer.

Das Verhalten

Leopardgeckos sind nachtaktiv. Tagsüber schlafen oder dösen sie in ihren Verstecken. In ihrer Heimat werden sie erst während der Dämmerung oder der Nacht wach. Im Terrarium kommen sie aus ihrem Unterschlupf hervor, sobald das Licht ausgegangen ist. Aus diesem Grund eignen sie sich unter anderem besonders für berufstätige Menschen. Kommt man von der Arbeit nach Hause, werden sie fit und munter.

Als wechselwarme Tiere können sie ihre Körpertemperatur nicht selbstständig regeln. Das bedeutet, sie müssen sich ihrer Umgebungstemperatur anpassen. Je tiefer diese fällt, umso so ruhiger werden die Leopardgeckos. Ab einer gewissen Temperatur fallen sie dann in den Winterschlaf. (s. Kapitel Winterruhe). So benötigen sie dann

Als nachtaktive Lebewesen werden Leopardgeckos abends munter. Sie suchen dann warme Steine, um Wärme zu tanken, die ihnen mehr Aktivität verleiht. Das ist bei der Ausstattung des Terrariums mit Heizsteinen zu berücksichtigen.

auch eine bestimmte Wärme, um wieder fit zu werden. Deswegen legen sie sich normalerweise nachts, wenn sie aus dem Versteck kommen, gerne auf einen warmen Stein. Mit der gespeicherten Wärme wächst dann die Aktivität.

Sind sie wach und vital, gilt es erst einmal den hungrigen Magen zu besänftigen. Auf der Suche nach Futter streifen sie nun im Terrarium herum. Haben sie ein geeignetes Opfer erspäht, wird es ins Visier genommen. Dann pirschen sich die Jäger mit katzenartigen Bewegungen und einem kurzen Sprint zielstrebig an. Vor dem Zuschnappen wird allerdings noch einmal kurz abgebremst. Nun vibriert die Schwanzspitze, was übrigens manchmal schief gehen kann. Vor allem Jungtiere werden von dem zuckenden Körperteil in die Irre geführt und beißen dann auch einfach so zu. Doch das passiert nicht oft. Normalerweise gibt es spätestens jetzt kein Halten mehr und die Beute wird ergriffen. Manchmal geht dabei ein Biss daneben, doch meistens klappt es.

Ist das Futtertier klein und zierlich, wird es zunächst mit den Kiefern zerquetscht, dann zerkaut und mit dem Kopf vorab heruntergeschlungen. Größere Insekten müssen zuerst getötet werden. Zu diesem Zweck werden sie von den Leos hin- und hergeschüttelt und auf den Boden geschlagen.

Erst mal Energie tanken. Hierzu können auch spezielle Heizstrahler eingesetzt werden. Die Tiere dürfen aber keinesfalls an diese Strahler kommen können, da sie sich sonst verbrennen würden.

Das leckere Heimchen wird erst fixiert und dann blitzschnell geschnappt. Solche Heimchen können gut mit Mineralpulver eingestäubt werden, um die Mineralienversorgung zu verbessern.

Hinweis: Es kommt bei der Haltung im Terrarium durchaus vor, dass man seine Pfleglinge auch mal tagsüber zu Gesicht bekommt. Vor allem dann, wenn sich Menschen in der Nähe aufhalten. In diesem Fall hoffen die Geckos immer, dass es etwas zu fressen gibt. Auch verlassen sie tagsüber ab und zu ihr Versteck, um zu koten. Leopardgeckos sind übrigens für ihre Reinlichkeit bekannt. Die ganze Gruppe erleichtert sich immer an der selben Stelle. Häufig benutzen sie dafür eine Ecke, die etwas höher liegt.

Wird mein Leo zahm?

Reptilien sind keine Kuscheltiere. Daher eignen sie sich nicht für Menschen, die Haustiere streicheln oder mit ihnen spielen wollen. Wer gerne beobachtet, kommt jedoch auf seine Kosten.

Die meisten Leos werden zutraulich. Schon einige Wochen nach dem Kauf sitzen sie mit großen hungrigen Augen vor der Frontscheibe und betteln um Futter, sobald sich jemand dem Terrarium nähert. Viele werden sogar handzahm. Allerdings kommt es immer auf den Einzelfall an. Jungtiere sind generell etwas ängstlicher als ausgewachsene Leos. Darüber hinaus sind die Charaktere sehr verschieden. Manche Exemplare verlieren ihre Furcht schnell. Andererseits gibt es aber auch regelrechte Angsthasen bei denen es Monate dauern kann, bis sie ihre Scheu abgelegt haben. In diesem Fall gilt: Nur nicht aufgeben. Irgendwann wird es klappen, denn alle Leos haben eine Eigenschaft gemeinsam: Sie sind neugierig.

Der richtige Griff ist wichtig, auch um den empfindlichen Schwanz zu schützen. Keinesfalls den Schwanz direkt anfassen

Tipp: Damit sich Leopardgeckos an ihr Herrchen oder Frauchen gewöhnen, sollte man zunächst die Hand ins Terrarium legen und sie dort bewegungslos liegen lassen. Es besteht die Chance, dass sich der Leo nach einer Weile nähert und am Ende vielleicht sogar auf Ihrer Hand herum klettert.

Es ist auf jeden Fall sehr praktisch, wenn die Tiere zutraulich sind. Denn dann kann man sie relativ unkompliziert aus dem Terrarium nehmen, wenn es mal nötig sein sollte. Zu diesem Zweck fasst man den Leo mit der Hand und legt Daumen und Zeigefinger um seinen Hals.

Achtung: Nicht am Schwanz berühren oder gar greifen, da dieser abgeworfen werden kann.

Auf keinen Fall sollte man Geckos nur aus Spaß aus dem Terrarium nehmen oder ständig mit sich herumtragen. Zwar klettern diese Echsen auf dem Körper eines Menschen herum. Doch Vorsicht: Diese Tiere können dabei durchaus mal die eine oder andere unerwartete Bewegung machen. Und ein Sturz aus größerer Höhe – wie etwa von der Schulter – führt bei den kleinen Zeitgenossen schnell zu empfindlichen Verletzungen.

Vorsicht: Die flinken Tiere können einem schnell aus der Hand schlüpfen und dann sind sie schwierig zu fangen.

Bei der Einrichtung eines Terrariums für zwei Leopardgeckos ist auf eine sichere Unterschlupfmöglichkeit und einen beheizbaren Stein zu achten. Der Stein kann auch durch eine darüber hängende Heizlampe aufgeheizt werden. Die Wasserschale darf nicht fehlen.

Das Wissen um die Leopardgeckos

Der Leopardgecko gehört zur Familie der Eublepharidae. Sein wissenschaftlicher Name lautet *Eublepharis macularius*. Alle Vertreter dieser Familie haben bewegliche Augenlider. Und sie besitzen keine Haftscheiben an den Zehen, sondern Krallen. Im deutschsprachigen Raum sind sie daher auch unter den Bezeichnungen Lid- oder Krallengeckos bekannt.

Die systematische Einordnung des Leopardgeckos innerhalb der Reptilien:
Klasse: Kriechtiere (Reptilia)
Ordnung: Eigentliche Schuppenkriechtiere (Squamata)
Unterordnung: Echsen (Sauria)
Zwischenordnung: Geckoartige (Gekkota)
Familie: Lidgeckos (Eublepharidae)
Unterfamilien: Aeluroscalabotinae (mit der Gattung *Aeluroscalabotes*) und Eublepharinae (mit den Gattungen *Coleonyx, Eublepharis, Goniurosaurus, Hemitheconyx, Holodactylus*).

Die Leopardgeckos gehören zur Gattung *Eublepharis*. Dieser werden zwei Arten zugeordnet: *E. hardwickii* und *E. macularius*. Davon gibt es bei *E. macularius* die drei Unterarten *E. macularius angramainyu, E. macularius turcmenicus* und *E. macularius macularius* der Nominatform, die eigentlichen Leopardgeckos.
Durch die große Variabilität der *Eublepharis macularius* in Bezug auf Farben und Wuchs wurde diese Spezies seit ihrer Entdeckung immer wieder in neue Arten oder Unterarten aufgeteilt. Nach heutigen Wissensstand existieren sogar acht Unterarten, dazu zählen: *Eublepharis macularius macularius, E. macularius afghanicus, E.macularius fasciolatus, E. macularius fuscus, E. macularius montanus, E. macularius smithi, E. macularius angramainyu* und *E. macularius turcmenicus*.

Farbschläge

Die Form, die in der Natur vorkommt, wird Nominatform genannt. Daneben gibt es viele verschiedene Mutationen, die durch gezielte Weiterzucht entstanden sind. Diese bizarren Tiere sind sehr begehrt. Sie tragen englische Namen und werden auch als

„Designer-Geckos" bezeichnet. Der Trend kommt aus Amerika, wo man schon seit vielen Jahren gezielt Farb- und Zeichnungsvarianten miteinander kreuzt. Dabei erhält man durch die Paarung bestimmter Farb- und Zeichnungen nach mehreren Generationen das gewünschte Ergebnis. Allerdings muss man gezielt weiterzüchten. Überließe man die Tiere bei der Partnerwahl sich selbst, würde sich die ursprüngliche Form irgendwann wieder durchsetzen.

Auch bei uns finden die bunten Züchtungen immer mehr Liebhaber. Kein Wunder, zeichnen sie sich doch durch wirklich verblüffende Farbschläge aus, die mit dem ursprünglichen Leopardmuster allerdings kaum noch etwas zu tun haben. So gibt es Exemplare die überhaupt keine Zeichnung mehr aufweisen und stattdessen einfarbig sind. Andere besitzen Querstreifen, Punkte oder Schlangenlinien und sind zwei- oder mehrfarbig gemustert. Und immer wieder kommen weitere neue Färbungen und Musterungen auf den Markt.

Einige Merkmale sind jedoch auch bei den „künstlichen" Nachzuchten gleich: Sie haben einen hellen Bauch und der Schwanz ist – zumindest meistens – ebenfalls rundum gemustert. Häufig sind die einzelnen Körperregionen deutlich voneinander abgesetzt.

Der Leopardgecko ist ein Abkömmling einer großen Familie mit sehr interessanten und schönen Geckos.

Die bekanntesten Zeichnungs- und Farbformen erwachsener Leopardgeckos:

- High Yellow: unter diesen Begriff fallen alle Exemplare mit überwiegend intensiver gelber oder hell oranger Grundfarbe. Diese Farbform gibt es in allen bekannten Musterungen.
- Striped: dunkle Längsstreifen, häufig auch als aneinander gereihte Punkte. „Reverse Striped" bedeutet, dieses Tier besitzt einen Längsstreifen in der Mitte des Rückens. Diese Zeichnung gibt es in allen bekannten Farbformen.
- Banded: ausgeprägte Querbänder.
- Jungle: gelbe oder orange Grundfarbe mit deutlicher schwarzer Zeichnung (Längsstreifen, auch als Punkte, sowie Querbänder oder Flecken).
- Leucistic: keine Farbpigmente, eigentlich hell, aber in der Realität meist hellbraun, keine Zeichnung, schwarze Augen.
- Albinos: keine Farbpigmente, fast weiße oder ganz weiße Grundfarbe, rote Augen. Albinos sind relativ selten.
- Amelanistic: die schwarzen Pigmente fehlen.
- Lavander: hellgelbe bis weiße Grundfarbe, teils mit aufgehellten Flecken oder Streifen.
- Pastel: normales Leopardenmuster auf pastellartiger oder weißgelber Grundfarbe.
- Tangerine: orange Grundfarbe mit normalem Muster.
- Ghost: keine roten oder gelben Pigmente, wenige andere dunkle Pigmente.
- Snow: fast weiß oder zart hellgelb mit schwarzen Flecken, auch in anderen Zeichnungsformen.
- Circle Back: diese Geckos haben Kreise auf dem Rücken. Meistens sind diese aber nur bei den Jungtieren deutlich zu sehen und verblassen bei den erwachsenen Exemplaren.

> **Hinweis:** Bei Farbvarianten mit der Vorsilbe „hypo" sind die betreffenden Merkmale nur schwach ausgeprägt. Darüber hinaus gibt es zahlreiche Mischformen zwischen den einzelnen Zeichnungs- und Farbformen.

Auch in der Natur kommen hin und wieder Farbmutationen vor. Jedoch haben diese Tiere meist schlechtere Überlebenschancen. Ein bisschen gilt das leider auch für die Designerzüchtungen. Sie sind häufig zierlicher, anfälliger für Krankheiten – und außerdem teurer. Letzten Endes ist es eine Frage des Geschmacks, für welche Tiere man sich entscheidet.

Oben: *Coleonyx elegans,* ein Lidgecko aus dem Süden Mexikos. Darunter ein Jungtier des Tucson-Krallengeckos, *Coleonyx variegatus bogerti.* Links unten *Coleonyx mitratus* und rechts *Hemitheconyx caudicinctus* mit schönem Vertebralstreifen.

Sogenannter Designergecko mit stark gelber Färbung. Kaum noch schwarze Fleckung. Diese Sonderfarbe ist entsprechend teuer.

Ein farblich sehr Aufsehen erregendes Jungtier von *Coleonyx mitratus*. Unten die sehr hübsche Form von *Coleonyx elegans*.

Die Anschaffung

Ob auf Börsen, bei Züchtern oder in Zoogeschäften, Leopardgeckos werden an vielen Orten angeboten. Vereinzelt sind auch Wildfänge darunter, denen man aber nicht den Vorzug geben sollte. Diese sind häufig durch den Transport gestresst. Viele kommen hier auch abgemagert an oder leiden unter Parasiten. Außerdem sind Wildfänge nicht ans Leben im Terrarium gewöhnt und verhalten sich daher manchmal aggressiv.

Dank der leichten Zucht werden jedoch heutzutage ohnehin meist nur Geckos angeboten, die hierzulande das Licht der Welt erblickt haben. Sie sind im allgemeinen wesentlich gesünder. Dennoch muss man auch bei ihnen einige Punkte beachten. Das wichtigste ist ein gründlicher Gesundheits-Check, der vor bösen Überraschungen schützt:

- Achten Sie vor allem auf Augen, Haut, Kiefer und Körperbau.
- Die Augenwinkel müssen sauber, die Augen selbst klar sein.
- Milchige Augen oder eine starre Pupille deuten auf Blindheit hin.
- Die Haut sollte von kräftiger Farbe sein und nicht schrumplig wirken.
- Es dürfen keine Rippen oder andere Knochenteile zu sehen sein, sonst ist das Tier zu mager.
- Außerdem darf man auf ihr keine Häutungsreste, Narben und vor allem keine Parasiten entdecken.

Achten Sie beim Kauf von Geckos auf saubere Terrarien beim Verkäufer. Nur bei gepflegten Anlagen können Sie sicher sein wahrscheinlich gesunde Tiere zu erwerben. Foto: bede-Archiv

Tipp: Charakteristisches Anzeichen für einen Milbenbefall sind weiße, schwarze oder rote Punkte, die sich bewegen.

Auch Umfang und Form des Schwanzes sind ein guter Anhaltspunkt. Dieser sollte ebenfalls nicht nur aus Haut und Knochen bestehen, sondern eine rundliche Form haben. Achtung: Rübenartige Schwänze deuten auf ein Regenerat hin. Das Tier ist zwar trotzdem gesund, sieht aber nicht so hübsch aus.

Ober- und Unterkiefer dürfen nicht versetzt zueinander stehen, sondern müssen beim Schließen eine glatte Fläche bilden. Ein zu kurzer Unterkiefer deutet auf eine akute oder überstandene Maulfäule hin. Das gilt übrigens auch für weißes oder gelbliches Zahnfleisch. Gesundes Fleisch ist immer fleischfarben. Auch die Zehen sind einen Blick wert. Sie dürfen nicht deformiert sein.

Mitleid ist beim Kauf fehl am Platz. Nur an so gesunden Exemplaren wie diesem Tier werden Sie lange Ihre Freude haben.

Weitere Hinweise: siehe Kapitel Krankheiten (Seite 88). Stellt man Verletzungen fest, heißt es generell: Finger weg.

Von entscheidender Bedeutung ist auch das Verhalten des Tieres. Ein kranker Leo wirkt müde, lethargisch und bewegt sich kaum. Ein gesunder Kollege ist aktiv, neugierig und läuft umher.

Weder zu dick noch zu dünn: Wer ein neues Tier kauft, sollte darauf achten, dass es wohlgenährt ist.

Wirkt das Terrarium gepflegt und haben die Tiere genug Platz? Auf solche Punkte sollte man vor dem Kauf achten.

Tipp: Versuchen Sie das ausgewählte Exemplar auf den Rücken zu legen. Ist es fit, wird es dagegen heftig protestieren und sich wehren. Im Gegensatz zu vielen anderen Lebewesen ist Fluchtverhalten bei dieser Spezies kein Anhaltspunkt für Gesundheit. Da es sich grundsätzlich um relative zahme Tiere handelt, ziehen sie nicht unbedingt den Rückzug an.

Kaufen Sie generell nur Tiere, die gesund sind und artgerecht gehalten wurden. Wer sich aus Mitleid für ein krankes oder schwaches Exemplar entscheidet, wird ihm vermutlich nicht mehr helfen können. Ist ein Tier beim Kauf bereits angeschlagen, ist die Wahrscheinlichkeit hoch, dass es bald stirbt.

Extra-Tipp: Stellen Sie eine Gruppe generell nur aus verschiedenen Würfen zusammen. So vermeiden Sie bei Nachwuchs Inzucht.

Wichtig vor der Anschaffung ist:

Das Terrarium muss fix und fertig eingerichtet sein. Außerdem sollte es schon ein paar Tage vor dem Einzug in Betrieb genommen und während dieser Zeit auf Temperatur und Beleuchtung kontrolliert werden. Darüber hinaus müssen Futtertiere vorhanden und der Futternachschub sicher gestellt sein. Ferner sollte man sich vor dem Kauf vergewissern, dass es in der Nähe des Wohnortes einen Tierarzt gibt, der sich mit Reptilien auskennt. Hierzu kann man auch den Händler/Züchter oder andere Leopardgecko-Besitzer befragen.

Züchter, Börsen und Zoofachgeschäfte

Man kann Leopardgeckos ganz einfach im Zoofachhandel kaufen. Dort haben Sie auch gleich eine Beratung und wenn es in Ihrer Nähe ist, bei Problemen einen Ansprechpartner. Spezialisierte Zoohändler achten darauf eine gute Beratung zu leisten, um Sie als Dauerkunden zu gewinnen. Auch eine Möglichkeit sind Reptilienbörsen. Achten Sie in jedem Falle darauf, dass die Tiere einen gesunden Eindruck machen. Bei gut organisierten Reptilienbörsen stellen diese Insider-Treffen eine gute Gelegenheit dar, um mit anderen Fans zu fachsimpeln und so viele gute Ratschläge mit auf den Weg zu bekommen.

Eine weitere Möglichkeit ist: Man holt sich die Tiere direkt beim Züchter. Die Vorteile hierbei: Man bekommt vom Profi kompetente Beratung. Auch kann man sich die Tiere im allgemeinen in aller Ruhe aussuchen. Und man hat im besten Fall immer einen Ansprechpartner in der Nähe, der später bei Problemen mit Rat zur Seite steht. Darüber hinaus haben die Leos in diesem Fall auch keine anstrengende Anreise hinter sich. Wer beim Züchter kauft, kann zudem überprüfen, wie die Tiere gehalten werden.

Wichtige Anhaltespunkte: Die Terrarien sollten unbedingt sauber, groß genug und nicht überfüllt wirken. Die Tiere müssen mit gutem Futter und frischem Wasser versorgt werden. Hat man ein oder mehrere Exemplare in die nähere Auswahl gezogen, kann man mit ein bisschen Glück auch etwas über deren Eltern und ihre Aufzucht in Erfahrung bringen. Die Adressen von Züchtern findet man in den Kleinanzeigen der DGHT.

Welche Kosten kommen auf mich zu?

Die Preise für lebende Tiere sind sehr unterschiedlich. Dies resultiert aus der Qualität und dem Hälterungsaufwand, den der Fachhändler vorab leisten muss. Begehrte Farbschläge sind natürlich bedeutend teurer. Sie kosten zum Teil das mehrfache normal gezeichneter Tiere. Ein neues, handelsübliches Terrarium für Geckos bekommt man ab 120 Euro – inklusive Einrichtung. Nach oben sind selbstverständlich keine Grenzen gesetzt. Neben der einmaligen Anschaffung verursacht die Pflege fortlaufende Kosten. Vier erwachsene Leos fressen rund 45 große Grillen pro Woche. Das entspricht zwei handelsüblichen Dosen. Wer die Futtertiere nicht selbst züchtet, sondern kauft, muss dafür rund 12 bis 25 Euro im Monat einkalkulieren. Und wenn es Nachwuchs gibt, muss man künftig noch mehr hungrige Mäuler stopfen.

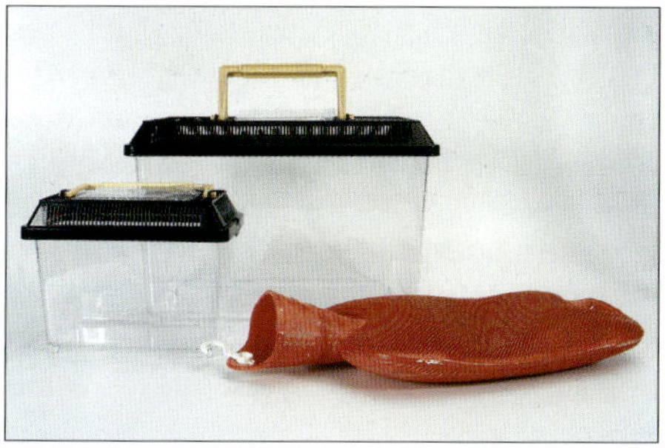

Der Transport

Durchsichtige Transportboxen aus Kunststoff sind ideal, um Neuzugänge in der wärmeren Jahreszeit sicher nach Hause zu befördern oder Pfleglinge zum Tierarzt zu bringen. Ist es draußen kalt, sollte man allerdings einer Kiste aus Styropor den Vorzug geben, da diese die Wärme besser speichert. Dann ist auch eine Wärmeflasche empfehlenswert, die man unter oder neben die Box legt. In diesem Fall muss man natürlich darauf achten, dass es andererseits nicht zu heiß wird.
Ein Bodensubstrat wie Kleintierstreu ist nicht notwendig. Viel besser ist es, das Tier in einen Einkaufsbeutel aus Stoff zu setzen, den man oben zuknotet und dann in die Transportbox packt. Auf diese Weise sieht der Leo nichts und kann auch nicht hin- und herrutschen, da er sich mit den Krallen am Stoff fest hält.

Transportboxen gibt es in mehreren Größen. Für die nötige Temperatur während der Reise sorgt eine Wärmflasche.

Sicher verpackt kann es auf die Reise gehen. Besser als Kleintierstreu auf dem Boden eignet sich ein Stoffbeutel, in dem der Gecko in der Transportbox gut verstaut wird.

Schlicht und praktisch: Die Einrichtung der Quarantänestation muss den Grundbedürfnissen genügen. Die Wärmelampe muss für die Tiere immer in unerreichbarer Ferne liegen, damit es keine Verbrennungen gibt.

Quarantäne

Alle Neuzugänge sollten zunächst zur Beobachtung einen Monat lang isoliert von den anderen gehalten werden. Erst Recht, wenn sie aus einer unbekannten Quelle stammen oder es sich um Wildfänge handelt. Als Quarantänestation eignet sich eine einfache Plastikbox. Der Boden wird mit Papiertüchern ausgelegt, die jeden Tag gewechselt werden müssen. Die Einrichtung sollte in erster Linie leicht zu reinigen sein. Als Unterschlupf genügen ein paar Steinplatten. Des weiteren darf ein Trinknapf nicht fehlen. Gleich zu Beginn sollte man eine Kotprobe entnehmen und diese von einem Tierarzt oder einem veterinärmedizinischen Institut untersuchen lassen. Nach einem Monat muss dieser Vorgang wiederholt werden. Sind beide Proben negativ, darf umgezogen werden.

Wer passt zu wem?

Man sollte Leopardgeckos generell nicht mit anderen Arten zusammenhalten. Sind sie unter sich, schätzen sie jedoch durchaus Gesellschaft. Leopardgeckos sind keine Einzelgänger. Auch in ihrer natürlichen Umwelt leben sie in kleineren oder größeren Gruppen zusammen. Daher sollte man sie auch im Terrarium nicht alleine halten. Allerdings vertragen sich zwei Männchen auf dem gleichen Terrain nicht. Denn die Leoherren haben ein starkes Revierverhalten und verteidigen ihr Terrain wenn es sein muss auch mit Bissen. Wenn Sie dies beobachten, müssen die Rivalen sofort getrennt und vorrübergehend in Ersatzterrarien unterbracht werden, sonst wird der Schwächere von beiden langfristig unterdrückt werden und geht irgendwann ein.

Die Haltung eines Pärchens ist ebenfalls nicht die ideale Lösung. Denn das Männchen ist während der Paarungszeit sehr triebhaft. Damit ist eine einzelne Geckodame überfordert. Ideal ist eine kleine Gruppe, die aus einem Männchen und drei bis fünf Weibchen besteht. Weibchen sind meist sehr friedlich und können auch ohne Männchen zu zweit oder dritt gehalten werden. Diese Möglichkeit ist optimal für Halter, die Nachwuchs vermeiden wollen. Denn der stellt sich bei gemischten Gruppen mit ziemlicher Sicherheit ein. Allerdings kann man die Eier zur Not auch entsorgen.

Das Problem ist allerdings, dass meist junge Tiere verkauft werden. Bei ihnen lässt sich das Geschlecht jedoch noch nicht erkennen. Da kann es gut sein, dass man mit Eintritt der Geschlechtsreife feststellt, dass man zwei Männchen erwischt hat, die sich bald streiten werden. Allerdings ist es kein großes Problem, überzählige Männchen wieder loszuwerden. So kann man versuchen, sie dem Händler wieder zurückzugeben. Viele nehmen sie erneut an und verrechnen das Tier dann mit einem Gutschein oder gegen Futter. Oder man fragt einen Bekannten, ob nicht Interesse an einem schönen Leopardgecko besteht.
Passen die Geschlechter jedoch zusammen, lassen sich neue Tiere im allgemeinen problemlos in eine bestehende Gruppe integrieren. Aber auch hier bestätigen einige Ausnahmen die Regel: Manche älteren Männchen reagieren allergisch auf neue Partnerinnen. Daher muss man bei Neuzugängen immer kontrollieren, ob es gut geht.

Oben: Geht ein Tier drohend auf ein anderes los, sollte man die Gegner nicht länger in einem Terrarium gemeinsam halten.

Links: Leopardgeckos machen deutliche Drohgebärden. Hier ist das Gaumensegel gut zu sehen.

Steine bieten Schutz, dürfen aber das Tier nicht verletzen. Achten Sie deshalb auf abgerundete Steine

Die Haltung

Leos sind verhältnismäßig pflegeleicht. Damit sich die Wüstenbewohner in unseren Breitengraden ebenso wohl fühlen wie in ihrer Heimat, muss man ihnen jedoch ähnliche Lebensbedingungen schaffen. Nur eine artgerechte Haltung sichert den Exoten ein langes Leben im Terrarium. Im Zweifelsfall hilft auch das Gespräch mit anderen versierten Haltern oder Züchtern weiter.

Ein paar allgemeine Hinweise vorneweg: Kommt ein neuer Gegenstand ins Terrarium, muss er stets sauber und parasitenfrei sein. Alle Teile sollten sich leicht entnehmen lassen, um das Terrarium reinigen und die Tiere im Notfall finden zu können. Generell sollte man darauf achten, dass keine scharfkantigen Steine, Wurzeln oder andere gefährliche Gegenstände in die Nähe der Tiere gelangen.

Die Größe des Terrariums

Die Fläche hängt davon ab, wie viele Leopardgeckos gehalten werden. Orientierung gibt eine Leitlinie, die vom Bundesministerium für Ernährung, Land- und Forstwirtschaft herausgegeben wurde. Demnach sollte man die durchschnittliche Kopf-Rumpf-Länge eines Tieres mit 4, 3 und 2

Dieses mit Versteck, erhöhtem Stein und Wasserschale eingerichtete Terrarium, bietet zwei Bewohnern eine artgerechte Umgebung.

multiplizieren. Bei einer Länge von 15 cm ergibt das: 60 x 45 x 30 cm. Erfahrungsgemäß ist jedoch ein Terrarium von 80 x 60 x 30 cm optimal, das sich ein Männchen und zwei Weibchen teilen. Für jedes weitere Tier sollten 20 Prozent mehr Fläche hinzukommen.

Insgesamt gilt immer die Devise: je größer, desto besser. Allerdings muss man dabei nicht zwingend in die Länge oder Breite gehen. In einem gewissen Rahmen kann man auch die vorhandene Höhe ausnutzen und zusätzlichen Platz durch Aufbauten, Plattformen etc. schaffen. Diese Möglichkeit ist jedoch begrenzt. Denn die Höhe spielt für den Leo keine große Rolle: Er ist ein Bodenbewohner und hat kein allzu großes Kletterbedürfnis. 30 cm sind deshalb ausreichend.

Bauart

Was die Bauart betrifft, sind zwei Punkte wichtig: Um einen optimalen Luftaustausch zu gewährleisten, muss das Terrarium mit entsprechenden Lüftungsflächen versehen sein. Auf der anderen Seite sollte das Gecko-Zuhause so konstruiert sein, dass keine Futtertiere ausbüchsen können. Denn wer will schon gerne freilaufende Krabbeltiere oder kriechende Mehlwürmer in der Wohnung vorfinden. Alle Produkte, die man im Fachhandel erstehen kann, erfüllen diese beiden Kriterien.

Standort, Licht und Temperatur

Obwohl Geckos nachtaktiv sind und tagsüber in dunklen Verstecken schlafen, brau-

Mit einem vergleichsweise niedrigen Trockenterrarium erreicht man außerdem das beste Wärmeverhältnis und muss nicht die Höhe mitheizen. Die Geckos sind ja schließlich bodenbewohnend.

Handelsübliche Lampen sorgen für Licht und Wärme im Terrarium.

Ein Platz an der Sonne – mitten in der Nacht. Wobei hier gezielt Wärmelampen eingesetzt werden.

chen sie einen Tag-Nacht-Rhythmus. Von Februar bis November muss es zwölf Stunden hell und zwölf Stunden dunkel sein. In der restlichen Zeit sollte die Dauer der Beleuchtung bis auf sechs Stunden täglich reduziert werden (siehe Kapitel Winterruhe). Das Schlafzimmer kommt als Standort nicht in Frage – und zwar aus einem ganz einfachen Grund: Heimchen, die von den Leos nicht gefangen werden, machen ordentlich Krach. Vor allem bei den Grillen ist das Gezirpe sehr laut.

Ideal sind alle anderen hellen Plätze, an denen das Terrarium natürliches Tageslicht erhält. Allerdings darf das Geckoheim keiner direkten Sonneneinstrahlung ausgesetzt werden, da sonst Überhitzung droht. Man sollte es daher nicht in der Nähe von Fenstern in Ost-, West- oder Südlage aufstellen. Optimal ist ein Wintergarten mit einer Freianlage.

Bei sehr hellen Standorten kommt man im Sommer ohne jede zusätzliche Beleuchtung aus. Für die Übergangsjahreszeiten und vor allem im Winter wird jedoch immer eine Lichtquelle benötigt.

Steht das Terrarium an einem dunklen Ort, muss es das ganze Jahr über künstlich beleuchtet werden. Vorteil: In diesem Fall kann der Besitzer Beleuchtungsbeginn und -ende frei wählen, beispielsweise von 10 bis 22 Uhr. Als Lichtquelle eignen sich spezielle Leuchtstoffröhren, die eigens für Terraristikzwecke entwickelt wurden. Damit wird das ganze Becken erhellt.

Wenn der Vitamin-D_3-Bedarf über das Futter gedeckt wird (Seite 54), ist eine UV-Lampe nicht nötig. Unerlässlich dagegen ist ein Wärmestrahler, da die Leos ein warmes Liegeplätzchen brauchen. Auch in ihrem natürlichen Lebensraum legen sie sich abends, wenn sie aus dem kühlen Versteck kommen, gerne auf Steine, die tagsüber von der Sonne aufgeheizt wurden. Das ist wichtig für ihre Gesundheit. Durch die Wärme wird die Verdauung angeregt.

Der Wärmestrahler sollte ebenfalls tagsüber brennen. Er wird an der Decke angebracht, allerdings nicht in der Mitte, sondern in der linken oder rechten Hälfte des Terrariums. Auf diesen Weise erzielt man automatisch das benötigte Wärmegefälle im Becken. Dieses sollte tagsüber zwischen 23 bis 28 °C liegen und nachts auf 18 Grad absinken. Wichtig ist, dass der Strahler selbst für die Bewohner unerreichbar ist, da ansonsten Verbrennungsgefahr droht. Den Strahler richten Sie auf eine Schieferplatte. Diese sollte sich im Lichtkegel punktuell auf 35 bis maximal 45 °C erwärmen.

Leopardgeckos lieben Plätze auf Steinen, die tagsüber von einer Lampe aufgeheizt wurden. Nachts ist diese Lampe dann ausgeschaltet. Der Stein gibt so noch die gespeicherte Wärme ab. Die Lampe wird immer außerhalb der Reichweite der Geckos platziert.

So schafft man das warme Liegeplätzchen für die Aufwärmphase nach der Ruhezeit. Bodenheizungen – wie Heizkabel oder Heizmatten – die man unter dem Terrarium oder direkt unter dem Bodensubstrat befestigt, sind nicht empfehlenswert. Warum? Auch in der Natur fällt das Sonnenlicht vom Himmel und der Boden ist immer etwas kühler als die Luft. Deswegen vergraben sich auch viele Tiere in freier Wildbahn, um in kühlere Zonen zu gelangen. Ist das im Terrarium umgekehrt, so sorgt das für Verwirrung unter den Bewohnern. Bei Wärme von unten wird auch das Versteck erhitzt. Doch dorthin ziehen sich die Tiere in der Natur zurück, um der Tageshitze zu entgehen. Hier muss die Temperatur kühler sein, sie sollte rund 22 °C (max. 26 °C) betragen.

Es ist ratsam, die Dauer der Beleuchtung und gegebenenfalls auch die der Wärmequelle über eine Zeitschaltuhr zu steuern. Auch ein Thermostat ist empfehlenswert, um das Risiko einer Überhitzung auszuschließen. Während der Winterruhe gelten generell andere Werte. Dann ist die Beleuchtung nur für ein paar Stunden lang an, der Wärmestrahler bleibt ausgeschaltet.

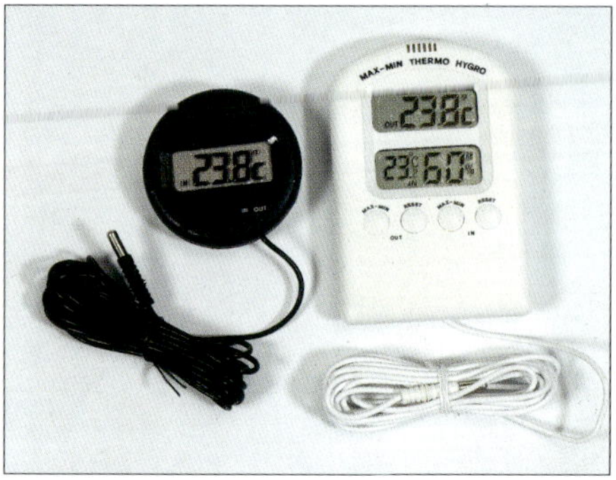

Das Thermometer stellt sicher, dass im Terrarium die richtige Temperatur herrscht.

Allgemeine Hinweise: Die Temperaturangaben dienen nur als Anhaltspunkte. Die Werte schwanken auch in freier Natur. Steht das Terrarium an einem finsteren Ort, wie beispielsweise einem abgeschlossenen Kellerraum ohne Fenster, benötigen die Leos auch nachts eine schwache Nachtbeleuchtung. Obwohl ihre Augen wie Restlichtverstärker funktionieren, können sie ohne jegliches Licht nichts sehen.

Luftfeuchtigkeit

Als Wüstenbewohner bevorzugen Leopardgeckos ein trockenes Klima. Sie benötigen aber dennoch etwas Feuchtigkeit. Diesen Bedarf decken sie in ihrem natürlichen Lebensraum unter anderem über den Tau, der in den kühlen Morgenstunden kondensiert. Ihn lecken sie von Steinen und Wurzeln.

Auch im Terrarium decken die Geckos ihren Flüssigkeitsbedarf am liebsten durch das Auflecken von Tropfen. Deswegen sollte man täglich – am besten morgens und abends – Wurzeln, Steine und Pflanzen mit einer Sprühflasche leicht anfeuchten. Verwenden Sie dafür bitte nur lauwarmes Wasser. Der Sprühnebel versorgt das Terrarium außerdem mit der Portion Luftfeuchtigkeit, die unter anderem für die Häutung notwendig ist. Sie sollte direkt nach dem Sprühen bei 70 bis 90 Prozent liegen und am Tag rund 40 bis 60 Prozent betragen.

Was die Menge betrifft, so muss man etwas Fingerspitzengefühl entwickeln. Generell reicht es aus einige Male ins Terrarium zu sprühen. Man darf das Terrarium auf keinen Fall unter Wasser setzen. Auch der Sand sollte nicht ständig nass sein, da dies Hautkrankheiten nach sich zieht, die schwierig zu heilen sind.

Praxis-Tipp: Sprühen Sie nicht das ganze Becken ein, sondern nur den Bereich, in dem sich die Tiere aufhalten. Gegenstände aus Holz, Ton oder Kork halten die Feuchtigkeit besonders gut. Ein Tonblumenuntersetzer als Trinkschale sorgt dafür, dass sie ganz sicher immer genug Wasser haben. Der Wassernapf muss jedoch so flach sein, dass darin weder die Geckos noch die Futtertiere ertrinken können.

Darüber hinaus sollte man eine kleine Fläche im Terrarium permanent feucht (nicht nass!) halten. Zu diesem Zweck muss man die Stelle alle zwei bis drei Tage nachfeuchten. Diese feuchte Ecke dient als Eiablageplatz (siehe Seite 77). Man kann zu diesem Zweck auch eine spezielle Ei-Ablage-Dose ins Becken stellen, die mit feuchtem Substrat gefüllt ist. Außerhalb der Legesaison bietet das Plätzchen den Terrarienbewohnern zusätzliche Feuchtigkeit.

Wandverkleidung und Bodensubstrat

Leopardgeckos benötigen ein festes, grabfähiges Substrat. Optimal ist Sand, er lässt sich leicht sauber halten. So kann man darauf relativ einfach den Kot entfernen. Außerdem hält Sand die Feuchtigkeit gut und die Geckos können ausgezeichnet darin buddeln. Doch nicht jede Ausführung ist geeignet. Warum? Die Leos fressen Sand, um ihren Kalziumgehalt zu regulieren. Aus diesem Grund sollte man vor allem bei Jungtieren, die einen kleinen Magen haben, keinen normalen Quarzsand verwenden. Dieser kann in zu großen Mengen zu Verdauungsproblemen und zu Verstopfung führen.

In diesem Terrarium wird der Sand unterhalb des Steins feucht gehalten.

Eine Ecke muss stets feucht sein, damit die Weibchen dort ihre Eier ablegen können.

Eine Schale mit frischem Wasser sollte in jedem Terrarium stehen.

Empfehlenswert, auch für erwachsene Tiere, ist Kalziumsand. Er besteht aus runden Kugeln, die gut verdaulich sind und keinerlei Verletzungsgefahr bergen. Außerdem bindet Kalziumsand den Kot gut, so dass man ihn in kleinen Knubbeln entnehmen kann, ähnlich wie bei einem Katzenklo. Dieses Produkt ist im Zoofachgeschäft erhältlich und sollte in einer Höhe von 5 bis 6 cm den Boden bedecken.

Ungeeignet sind Sägemehl, Hobelspäne oder Baumrindenstücke. Diese Materialen sind zwar saugfähig, aber schwer zu reinigen. Als Substrat gänzlich fehl am Platz ist feiner Kies. Die Tiere können darin nicht graben, darüber hinaus hält Kies die Feuchtigkeit nicht. Manche Kiesarten, wie feiner Aquarienkies, sind außerdem scharfkantig. Werden sie verschluckt, kann das zu lebensgefährlichen Verletzungen des Magen-Darm-Trakts führen.

Pflanzen

Vorweg gesagt: Leos brauchen keine Pflanzen. Ob man sein Terrarium begrünt oder nicht, hängt vom persönlichen Geschmack des Pflegers ab.

Wer es mag, für den sind Plastikpflanzen die bequemste Möglichkeit. Bevorzugt man dagegen echte Pflanzen, muss einiges beachtet werden.

Manchmal wird auch schwarzer Sand im Fachhandel angeboten. Vorteil: Die Reptilien wirken darauf sehr plastisch. Außerdem heizt er sich auch sehr gut auf und hält besser die Wärme.

Auch Trockengras bietet dekorative Gestaltungsmöglichkeiten.

Natürliches Grün erfordert ein Extra an Pflege, denn es will gegossen werden. Außerdem ist nicht jede Pflanze fürs Geckobecken geeignet. Sie darf weder giftig sein, noch eine Verletzungsgefahr darstellen. Aus diesem Grund sind stachelige Kakteen ungeeignet, auch wenn sie sich schön in die Wüstenlandschaft einfügen.
Darüber hinaus sollte man ausschließlich robuste Pflanzen wählen, die genügsam und unempfindlich sind. Zum einen muss ihnen die verhältnismäßig niedrige Luft- und Bodenfeuchtigkeit ausreichen. Zum anderen sollten sie einiges aushalten können. Denn hungrige Heimchen und Grillen setzen den Pflanzen unter Umständen ganz schön zu. In Frage kommen Sukkulenten, wie die so genannten „Lebenden

Echte Pflanzen sehen hübsch aus, erfordern aber auch etwas Pflege. Außerdem sind stachelige Pflanzen ungeeignet.

Nicht jede Pflanze ist fürs Trockenterrarium geeignet. Diese hier sind zu stachelig.

Steine" *Lithops spec.*, sowie Tillandsien, Sanseverien, Echeverien und Kleinien.

Hinweis: Stellen Sie die Pflanzen nur im Topf ins Terrarium. Das hat den Vorteil, dass man beim Gießen nicht den Sand unter Wasser setzt. Außerdem werden die empfindlichen Wurzeln auf diese Weise vor den Krallen der Geckos geschützt, wenn sie in der Nähe graben.

Im Versteck sind Leos am liebsten ungestört und alleine. Und das machen sie ihrer Umgebung zur Not auch deutlich.

Bleiben die Pflanzen im Topf, kann man sie leicht entnehmen.

Tipp: Da fast alle Arten den Terrarienaufenthalt auf Dauer nicht besonders gut vertragen, sollte man sie von Zeit zu Zeit herausnehmen und ihnen eine Erholungspause auf der Fensterbank gönnen.

Verstecke & Co.

Verstecke sind überlebenswichtig. Leopardgeckos brauchen sie tagsüber zum Schlafen und nachts, um sich zurückzuziehen. Können sich die Tiere nicht verkriechen, leiden sie unter Stress und werden auf Dauer krank. Man sollte den Leos immer ein Versteck im wärmeren und – ganz wichtig – eines im kühleren Terrarienbereich anbieten, im dem keine direkte Aufheizung stattfindet.

Als Verstecke eignen sich aufeinander gestapelte Steinhaufen mit Schieferplatten, unter denen die Leos graben können. Man kann die Steine, die man dafür benötigt, in der Natur sammeln. In diesem Fall sollten sie bei ca. 100 C° etwa eine Stunde lang im Backofen desinfiziert werden.

Die Bauten müssen natürlich stabil sein. Damit die Konstruktion nicht von den Geckos untergraben wird, darf man die Steine – genauso wie andere schwere Einrichtungsgegenstände – nicht direkt auf den Sand legen. Schieben Sie beim Einbau den Sand zur Seite und stellen Sie die Steine auf die Bodenplatte. Anschließend wird der Sand drum herum wieder aufgeschüttet. Außerdem sollte man Bauten aus mehreren Steinen immer miteinander verbinden, damit sie bei Kletterpartien nicht einstürzen. Auch wichtig: Das

Leopardgeckos fühlen sich in Verstecken mit kleinen Eingängen am sichersten. Hier können Fressfeinde nicht so leicht eindringen.

Versteck muss eng sein, denn der Gecko braucht körperlichen Kontakt zu seinem Unterschlupf. Das gilt auch für den Eingang. Dieser sollte so schmal sein, das der Leo gerade mal hindurch schlüpfen kann.

Hohle Korkröhren, Wurzeln, Tonblumentöpfe, Rindenstücke und kleine Holzkisten eignen sich ebenfalls als Versteckmöglich-

Die Statik muss stimmen: Steine dürfen niemals auf die Tiere herabstürzen können.

Rinde wird in vielen Größen und Formen im Fachhandel zur Dekoration angeboten. Diese ist gut vorgereinigt und frei von Schädlingen.

keiten. Auch ein umgestülpter Tontopf oder eine flache Pflanzenschale kann als Unterschlupf dienen. In diesem Fall muss man nur ein Loch für die Eingangsöffnung herausbrechen und die Schale auf dem Kopf ins Terrarium stellen. Außerdem kann man im Zoohandel schöne fertige Höhlen kaufen.

Auch ein ausgehöhlter Ast kann als Versteck dienen. Bei selbst gesuchten Ästen aus dem Wald ist wegen eines möglichen Milbenbefalls Vorsicht geboten .

Dank ihrer Krallen sind Leopardgeckos gute Kletterer.

Ob tropische Wurzeln oder heimische Baumreste, ist eine Frage des Geschmacks und des Geldbeutels. In jedem Falle müssen diese zum Beispiel erhitzt worden sein, um Ungeziefer abzutöten. Dies kann durchaus im häuslichen Backofen geschehen. Einfach etwa eine Stunde bei 100 °C im Backofen erhitzen.

Wer etwas handwerkliches Geschick besitzt, bastelt eine solche Höhle selbst. Zu diesem Zweck formt man einen Felsen aus Styropor und Zeitungspapier und befestigt ihn mit Hilfe von Gipsbinden. Anschließend wird das Modell mit wasserfestem Holzleim überstrichen. Dann schüttet man etwas Sand darüber.

Hinweis: Hierbei kann man richtig kreativ werden – zum Beispiel, in dem man Sand in verschiedenen Farben verwendet. Eine solche Höhle sieht nicht nur hübsch aus, sondern hat auch den Vorteil, dass sie sehr leicht ist und die Tiere bei einem Einsturz nicht davon erschlagen werden.

Klettern

Leopardgeckos sind zwar Bodenbewohner, klettern aber auch mal ganz gerne. Dicke Wurzeln und Äste bieten ihnen im Terrarium die Gelegenheit dazu. Mit solchen hübschen Einrichtungsgegenständen lassen sich außerdem mehrere Ebenen schaffen, die den Aktionsradius der Tiere vergrößern. Tropische Hölzer kann man im Zoohandel erstehen. Wer Geld sparen will, sammelt selbst. In diesem Fall muss man aber darauf achten, dass kein Ungeziefer aus Wald oder Garten ins Terrarium eingeschleppt wird. Auch Holz sollte man daher abkochen oder im Backofen bei 100 °C etwa eine Stunde lang desinfizieren.

Darüber hinaus empfiehlt es sich, die Rückwand des Terrariums zur Kletterwand umzugestalten. Hierzu bietet sich eine Felslandschaft an. Diese kann man – ähnlich wie die Höhle – aus Styropor selbst basteln. Zu diesem Zweck überzieht man das Styropor mit Zementschlämme und bewirft es in noch feuchtem Zustand mit Sand.

Achtung: Trotz aller Verstecke und Klettermöglichkeiten muss genug Freifläche zum Herumflitzen übrig bleiben.

Auch Jungtiere klettern bereits gerne.

Der Wasserwechsel in der Trinkschale gehört zur täglichen Pflege.

Die Pflege

Da Leos reinliche Tiere sind und nur in eine Ecke koten, ist ihr Zuhause recht leicht sauber zu halten. Am wichtigsten ist die tägliche Reinigung der Kotecke. Hierzu muss man nur die Haufen großflächig mit einer kleinen Schaufel entfernen. Außerdem sollte das Wassers im Trinknapf täglich gewechselt werden.
Darüber hinaus ist es empfehlenswert das Terrarium alle sechs bis acht Wochen von Grund auf zu reinigen. Dazu gehört ein kompletter Wechsel des Substrats. Au-

Die Kotecke muss regelmäßig gereinigt werden, am besten eignet sich eine kleine Schaufel. Geckos koten immer in die gleiche Ecke, was diese Sache sehr vereinfacht.

ßerdem sollte man die Dekorationsteile entnehmen und heiß absprühen. Auch die Scheiben müssen sauber gemacht werden. Normale Haushaltsreinigungsmittel oder Essigreiniger dürfen jedoch nicht benutzt werden, sondern nur spezielle Präparate aus dem Zoofachhandel. Diese Mittel, die beispielsweise auf Teebaum-Öl-Basis hergestellt werden, haben keine schädlichen Nebenwirkungen. Trotzdem darf man auch mit ihnen natürlich nie die Tiere direkt ansprühen.

Urlaubszeit

Ein Thema, mit dem sich fast jeder Terrarienbesitzer irgendwann einmal beschäftigen muss. Denn wer längere Zeit verreisen möchte, braucht einen „Babysitter". Ideal ist, wenn sich ein geckoerfahrenes Familienmitglied um die Versorgung kümmert. Ansonsten sollte man versuchen mit anderen Leopardgecko-Besitzern, die in der Nähe wohnen, Kontakt aufzunehmen. Dann kann man sich im besten Fall mit der Pflege vielleicht sogar abwechseln.

Ist das nicht möglich, können Sie versuchen, jemanden anzulernen. Damit nichts schief geht, sollte man dem Babysitter die anfallenden Arbeiten rechtzeitig erklären. Lassen Sie den Ersatz-Pfleger in den letzten Tagen vor dem Urlaub wichtige Pflegeschritte am Besten ein paar Mal unter Aufsicht ausführen. Häufig wird erst in der Praxis klar, wo Unsicherheiten bestehen.

Um diesen Menschen nicht zu überfordern, sollte man ihm jedoch nicht noch die

Nur von außen darf man zur Reinigung des Terrariums normalen Glasreiniger verwenden. Für innen gibt es Spezialreiniger im Handel.

Auch in der Ferienzeit müssen die Lieblinge zuhause gut versorgt werden.

Heuschrecken sind klassische Futtertiere in der Terrarristik.

Zucht der Futtertiere übertragen. Bestellen Sie für diesen Zeitraum gegebenenfalls ein Futtertierabonnement. Hinterlassen Sie außerdem Ihre Handy-Nummer (oder die Telefonnummer Ihres Hotels). Und schreiben Sie für den Notfall auch die Telefonnummer eines erfahrenen Tierarztes, Händlers, Züchters oder eines erfahrenen Bekannten auf.

Extra-Tipp: Auch viele Terraristikfachgeschäfte – vor allem die kleineren – übernehmen die Urlaubspflege. In diesem Fall bringt man die Tiere ins Geschäft. Der Service schlägt nach meinen Erfahrungen einmalig mit rund 15 Euro für die Einrichtung zu Buche. Pro Tag entstehen weitere Kosten von circa 3,50 Euro.

Die Ernährung

Leopardengeckos sind Räuber und regelrechte Fressmaschinen. Sie sind alles andere als wählerisch und verschlingen alles was sich bewegt – sofern es ins Maul passt. In der Natur vertilgen sie überwiegend Insekten, vor allem Käferarten. Im Terrarium stehen in erster Linie Heimchen und Zweifleckgrillen auf ihrem Speiseplan. Diese sind in jeder Zoohandlung erhältlich, man kann sie aber auch selber züchten. Insgesamt empfiehlt es sich, die Ernährung der Geckos – wie bei anderen Terrarientieren auch – möglichst ausgewogen zu gestalten. Zur Abwechslung sollten daher auch mal andere Futtertiere angeboten werden. Ein willkommener Leckerbissen sind die

Neben Grillen sind Heimchen das Hauptfutter der Leopardgeckos.

Larven des Mehlkäfers, sogenannte Mehlwürmer. Man darf sie aber nur in geringer Menge als Snack zwischendurch verfüttern. Denn Mehlwürmer sind sehr fett und wenig vitaminreich.

Tipp: Die harten unverdaulichen Chitin-Panzer der Mehlwürmer können den Geckos Probleme mit der Verdauung bereiten, vor allem bei größeren Mengen. Um das zu vermeiden, sollten ausschließlich weiße, frisch gehäutete Mehlwürmer verfüttert werden. Auch Mehlkäfer werden teilweise gerne verspeist.

Zu den besonders beliebten Gaumenfreuden gehören des Weiteren Zophobas, die Larven des Großen Schwarzkäfers. Als Futtertiere eignen sich aber auch Indische Stabheuschrecken, Rosenkäfer und Wachsmottenraupen. Argentinische Schaben sind ebenfalls sehr nährreich und können auch als Standardfutter verwendet werden.

Ungeziefer, das im Haus herumschwirrt, sollte man jedoch nicht einfangen und verfüttern. Denn unsere einheimischen, freilebenden Insekten, wie beispielsweise Spinnen, können Bakterien ins Terrarium einschleppen. Das gilt auch für das sogenannte „Wiesenplankton“ auf das einige Geckobesitzer schwören. Hierbei wird die Wiese im Sommer mit einem Kescher „abgefischt“. Die „Beute“ trägt zwar auch zur abwechslungsreichen Ernährung bei, kann aber ebenfalls von Schädlingen wie Milben befallen sein. Außerdem fallen manche Insekten unter den Artenschutz.

Als Snack und in besonderen Fällen kann man auch mal eine nestjunge, nackte Maus kredenzen. Leos sind zwar passionierte Insektenräuber, trotzdem erlegen sie auch in der Natur ab und an kleine Echsen oder junge Säugetiere. Diese Babymäuse werden Pinkies genannt. Man bezieht sie am besten von Schlangenhaltern. Sie stellen ein sehr nährstoffreiches Futter dar. Da sie sehr eiweißhaltig sind, darf man jedoch maximal alle sieben bis 14 Tage eine nestjunge Maus pro Tier verfüttern und zwar ausschließlich an ausgewachsene Tiere.

Vor der Paarungsphase eignen sich Pinkies besonders als Kraftsnack für Weibchen. Auch trächtige Leos profitieren von den gehaltvollen vitamin- und mineralstoffreichen Säugern. Zum Aufpäppeln von schwachen oder kranken Tieren sind junge Mäuse ebenfalls geeignet. Allerdings gibt es auch Leos, die diesen Schmaus verschmähen. Mittlerweile bieten immer mehr Läden die verschiedensten Futtertiere an. Darüber hinaus kann man fast alle Tiere bei speziellen Futtertierzüchtern im Versand per Abonnement bestellen.

Seit geraumer Zeit gibt es auch Fertigfutter. Es besteht aus getrockneten Mini-Fliegen, Heimchen oder Mehlwürmern und ist außerdem mit Vitaminen und Mineralstoffen angereichert. Diese Produkte werden von den Tieren im allgemeinen gut angenommen. Trotzdem sollten sie nur in Ausnahmefällen als Notreserve zum Einsatz kommen. Auf Dauer würden die Leos durch das Konservenessen ihren Jagdinstinkt einbüßen.

Vitamine und Kalk

Die meisten Terrarientiere erhalten zu wenig Sonnenlicht, um lebenswichtige Vitamine selbst herzustellen. Auch ist die Ernährung nicht immer abwechslungsreich und ausgewogen genug. Um Mangelerscheinungen

vorzubeugen, müssen die Futtertiere daher vor der Verfütterung mit Vitamin-Mineral-Pulver bestäubt werden. Geeignete Produkte sind im Handel erhältlich.
Diese Extra-Portion ist insbesondere für junge Tiere im Wachstum wichtig.

Wichtiger Hinweis: Die Dosierung muss stimmen. Eine Überdosis – vor allem von Vitamin A und D_3 – kann der Gesundheit der Leos ebenso schaden wie eine Unterversorgung. Wie oft und wie reichlich die Futtertiere bestäubt werden sollen, entnimmt man den Angaben des Herstellers auf der Packung.

Kalk ist wichtig fürs Skelett und darf im Terrarium nicht fehlen.

Vorgehensweise: Zunächst schütten Sie das Pulver in eine Dose, beispielsweise einen Messbecher, dann kommen die Futtertiere hinzu. Nun wird die Dose verschlossen und sanft geschüttelt. Achten Sie anschließend darauf, dass die Futtertiere relativ schnell gefressen werden. Denn wenn sie sich bewegen oder putzen, fällt das Pulver schnell wieder ab.
Außerdem gibt es beim Tierarzt Spezialpräparate. Sie empfehlen sich insbesonders bei Tieren mit Mangelerscheinungen, Wachstumsverzögerungen, Appetitlosigkeit und allgemeiner Schwäche. Auch Exemplare, die Stress ausgesetzt waren, kommen durch diese „Spezialmischungen" häufig wieder auf die Beine.

Hinweis: Mäusebabys müssen nicht bestäubt werden, sie sind selbst vitamin- und mineralreich genug.

Darüber hinaus sollte man stets ein wenig zerkleinerte Sepiaschale ins Terrarium geben. Manche Tiere fressen sie zerbröselt, andere nur gemahlen. Das muss jeder Besitzer selbst herausfinden. Man kann die Sepiaschale entweder direkt auf den Sand streuen, dem Trinkwasser oder dem Vitaminpulver beimengen, das zur Bestäubung verwendet wird oder in einer Extra-Schale ins Terrarium stellen.
Eine gute Idee ist es auch, die Steine im Terrarium damit zu bestäuben. Die Leos lecken

die Körnchen dann auf. Sepiaschale deckt den Kalkbedarf, den Leos vor allem für ihren Knochenaufbau benötigen. Das ist insbesondere für Jungtiere im Wachstum wichtig, aber auch für trächtige Weibchen, die diese Mineralien für die Produktion der Eier benötigen. Sepiaschale findet man im Zoofachgeschäft beim Ziervogelzubehör.

Auch getrocknete und zerkleinerte Eierschalen sorgen dafür, dass die Pfleglinge keinen Kalkmangel erleiden.

Die Fütterung

Da Leos nachtaktive Tiere sind, sollte die Fütterung abends stattfinden. Meist stehen die Tiere schon mit großen Augen vor der Scheibe, wenn man sich ihnen nähert. Junge Geckos sollte man täglich füttern. Wie oft man und wie viel man jedoch seinen erwachsenen Tieren zu fressen gibt, muss jeder Halter selbst herausfinden. Dafür gibt es keine allgemeinen Richtlinien. Man muss eben darauf achten, dass die Geckos weder zu fett noch zu mager werden. Vor allem anhand der Form des Schwanzes kann man erkennen, ob die Tiere gut im Futter stehen. Kurz hinter der Wurzel sollte der Schwanz praller und dicker sein. Das ist ein Zeichen dafür, dass genug Fettreserven vorhanden sind. Auf der anderen Seite sollten weder Rippen noch Wirbelsäule zu sehen sein.

Der Hunger der Leos ist kein guter Ratgeber. Diese Tiere sind so gefräßig, dass sie nie genug bekommen. Allerdings gibt es Unterschiede im Grad der Gier. Spurtet der Leo ungeduldig auf das Futtertier zu, sollte er noch etwas mehr bekommen. Wenn er aber nur noch frisst, weil ihm gerade zufällig etwas über den Weg läuft, ist es genug.

Bald wird sich zeigen, ob der Magen immer noch knurrt...

Die Fütterung von oben kann zu lustigen Ergebnissen führen.

Man sollte generell nur so viel Futter reichen, wie innerhalb kurzer Zeit gefressen wird.

Als grobe Faustregel gilt: Trächtige Weibchen müssen generell öfter gefüttert werden. Das gilt auch für die Vorbereitung auf die Winterruhe. Zwei nicht trächtige, ausgewachsene Exemplare, die nicht vor der Winterruhe stehen, bekommen rund drei Pakete Futtertiere pro Woche.

Übrigens: Wenn man mal einen Tag zu füttern vergisst oder keine Zeit hat, ist das kein Problem. Ein gut genährter Gecko verhungert nicht so schnell. Denn auch in freier Natur bleibt der Magen an manchen Tagen leer. Deswegen kann man alle zwei Tage füttern oder drei Tage hintereinander und dann wieder einen Tag Pause machen. Außerdem laufen häufig immer noch ein paar Grillen im Terrarium herum, die man selbst nicht sieht, da die Insekten ebenfalls nachtaktiv sind. Doch die Geckos schnappen sie sich nach und nach.

Tipp für unerfahrene Geckobesitzer:
Heben Sie ab und an die Steine oder die anderen Dekorationsgegenstände hoch, häufig verstecken sich darunter noch größere Mengen Grillen und Heimchen.

Bei den Futtertieren selbst muss man darauf achten, dass ihre Größe der Größe der Geckos angepasst ist. So darf die Länge der zu verfütternden Heimchen und Grillen nicht größer sein, als die Kopfbreite des Geckos. Was die eigentliche Fütterung betrifft, so gibt es mehrere Varianten. Die Natürlichste ist: Man schüttet die Futtertiere ins Terrarium und beobachtet anschließend die spannende Jagd.

Als Alternative ist es aber auch möglich, die Futtertiere mit der Futterpinzette zu reichen. Diese Methode eignet sich unter anderem für kranke Tiere. Vorteil: Die Nahrungsaufnahme wird beaufsichtigt. So geht man auf Nummer sicher, dass jeder Bewohner seine Portion bekommt und dass die Futtertiere gefressen werden, bevor das Vitamin- und Mineralien-Pulver abgefallen ist. Außerdem kann man dadurch vermeiden, dass sich Grillen im Terrarium verstecken und dort mehrere Tage im Terrarium unkontrolliert herumspazieren. Nachteil: Die Geckos werden durch diese bequeme Art der Nahrungsaufnahme träge. Man kann beide Fütterweisen aber auch abwechseln, denn auch faule Geckos werden schnell wieder aktiv, wenn der Magen knurrt.

Tipp: Wer die Futtertiere kauft, kann sich einen Futtertierlieferanten suchen, der jede Woche frisch liefert. Wird der Inhalt sofort während der kommenden Tage verfüttert, muss man sich so gut wie gar nicht um die Futtertiere kümmern.

Die gezielte Fütterung mit der Pinzette ist auch für Tiere geeignet, die zwangsernährt werden müssen. Ein ruhiges Vorgehen ist hierbei sehr wichtig, damit sich die Geckos nicht zu sehr erschrecken.

Wenn die Zeit der Winterruhe naht, wird das Versteck immer seltener verlassen werden.

Winterruhe

Man sollte seinen Pfleglingen möglichst einen Winterschlaf gönnen. Denn diese Zeit der Ruhe gehört zu dem natürlichen Lebensrhythmus der Wüstenbewohner und ist sehr gesund. Dabei erhöht die Winterruhe nicht nur die Lebensdauer, sondern auch die Bereitschaft zur Vermehrung. Wichtig ist, dass die Leos den langen Schlaf in gutem Zustand und vor allem auch wohlgenährt antreten. Man sollte sie daher in den Wochen zuvor reichlich füttern. Ein dicker Schwanz (siehe Bild unten) ist der beste Anhaltspunkt, dass die Tiere über genügend Fett- und Nährstoffreserven verfügen.

Vier Wochen vor der Winterruhe wird die Temperatur langsam gedrosselt, bis sie nach einem Monat die optimale Temperatur für den langen Schlaf erreicht hat: tagsüber und nachts 15 bis 18 Grad. Auch die Beleuchtung muss heruntergefahren werden – und zwar jeden Tag eine Stunde weniger, bis man sechs Stunden täglich erreicht hat. Mit dem Beginn dieser Maßnahmen bekommen die Tiere nun auch immer weniger zu fressen – und werden auch immer inaktiver.

Sieben bis 14 Tage vor der Zeit der großen Ruhe erhalten sie dann gar kein Fut-

Ein rundlicher Schwanz sorgt dafür, dass die Geckos gut über die lange Zeit des Nahrungsverzichts kommen.

ter mehr. Auch während der Winterruhe darf man ihnen nichts mehr zu fressen geben. Das ist enorm wichtig. Während des langen Schlafes dürfen sich im Darm keine Futterreste mehr befinden. Grund: Bei niedriger Temperatur funktioniert die Verdauung nicht mehr richtig. Würden Essensreste im Körper verbleiben, können die Geckos daran sterben. Man muss ihnen allerdings täglich eine Schale mit frischem Wasser hinstellen.

Tipp: Kurz vor dem Winterschlaf sollte man seine Geckos noch einmal in lauwarmem Wasser baden. Das fördert die Ausscheidung.

Außerdem sollte es im Terrarium während des Winterschlafs deutlich trockener sein als während der aktiven Phase. Trotzdem muss das Substrat immer etwas feucht sein, was ab und zu kontrolliert werden muss. Als Standort eignen sich die kühleren Keller- oder Dachräume. Man kann die Leos auch in einzelnen Boxen (20 x 30 x 30 cm) überwintern lassen.

Der Winterschlaf sollte mindestens acht Wochen dauern. Will man seinen Schützlingen soviel Natur wie möglich gönnen, lässt man sie zwölf bis 16 Wochen lang ruhen. Die geeignete Jahreszeit beginnt Ende November oder Anfang Dezember und endet im Februar. Der Winterschlaf muss aber nicht zwingend während dieser Monate durchgeführt werden. Man kann die kalte Jahreszeit auch simulieren.

Während des langen Schlafes laufen die Körperfunktionen der Reptilien auf Sparflamme. Allerdings schlafen Reptilien nicht wie Säugetiere. Sie wachen zwischendurch immer mal wieder auf, sind im Terrarium unterwegs, trinken und tauchen dann wieder ab.

Zum Aufwachen werden Beleuchtung und Temperatur über einen Zeitraum von zwei Wochen langsam wieder erhöht. In den ersten Tagen nach dem Erwachen sollte man die Tiere – wenn möglich – nach Geschlechtern getrennt halten. Auch die Futterportionen fallen anfangs eher sparsam aus. 21 bis 28 Tage nach Beendigung der Winterruhe sind die Zustände wieder normal.

Auch während der Winterruhe brauchen die Langschläfer täglich frisches Wasser.

Auch während der Winterruhe kommen die Geckos aus ihrem Schlafversteck von Zeit zu Zeit hervor.

Die Zucht der Futterinsekten

Wenn man nur wenige Leos besitzt, lohnt sich die Zucht der Futtertiere nicht unbedingt. Anders verhält es sich, wenn man mehrere Tiere hält. Die Zucht ist zwar zeitaufwändig und verursacht Lärm, aber man hat immer Futter vorrätig und weiß bei richtiger Handhabung, dass diese Nahrung hochwertig ist. Ansätze für die Futtertierzucht bekommt man von entsprechenden Firmen. Ihre Adressen findet man in einschlägigen Fachzeitschriften oder im Internet.

Die Futtertiere selbst sollten ebenfalls möglichst gehaltvoll ernährt werden, damit sie wiederum ein nährstoffreiches Futter abgeben. Hierfür ist es wichtig, dass ihre Nahrung ungespritzt ist. Am besten ist, man bezieht sämtliches Obst und Gemüse aus dem eigenen Garten. Wenn das nicht möglich ist, sollte man das Grünzeug vor der Verfütterung zumindest gründlich waschen. Vor allem bei Kopfsalat ist mit einer Belastung von Insektiziden zu rechnen. Deshalb sollte man möglichst zu anderen Salatsorten greifen.

Tipp: Um seinen Leos so viel Abwechslung wie möglich zu bieten, sollte man versuchen, sich mit anderen Reptilienbesitzern zusammen zu tun. Dadurch könnten Sie verschiedene Futtertiere untereinander austauschen.

Grillen und Heimchen

Gryllus bimaculatus, Acheta domesticus

Beide Arten werden circa 18 bis 23 mm lang, wobei die Grillen etwas kräftiger sind als die Heimchen. Grillen wie auch Heim-

Grillen in einer Verkaufsbox. Diese Insekten sind für Geckos neben Heimchen die Nahrungsquelle Nummer eins.

chen haben Flügel. Doch keine Angst: Diese dienen nicht zum Fliegen, sondern nur zum Zirpen.
Grillen und Heimchen lassen sich relativ einfach vermehren, wobei sich die Zucht nicht wesentlich voneinander unterscheidet. Einziger wichtiger Unterschied: Die Zuchtbox sollte für Heimchen mindestens 35 cm hoch sein, für Zweifleckgrillen genügen 25 cm. Heimchen sind wahre Hochsprungmeister. Zweifleck-Grillen (*Gryllus bimaculatus*) springen dagegen nicht so hoch und weit. Sie laufen lieber.
Die Zuchtbox muss glatte Wände haben, damit die Insekten nicht hochklettern können. Dafür eignen sich kleine Aquarien oder große Kunststoffbehälter, die mit einem Deckel verschlossen werden können. Als Bodenbelag lässt sich Kleintierstreu verwenden, das man in einer Höhe von rund drei Zentimetern auslegen sollte. Obenauf werden ein bis drei Lagen Eierkartons gestapelt. Sie sind ein perfektes Versteck für diese Insekten.
Wichtig ist eine gute Belüftung. Die Luftfeuchtigkeit darf 75 Prozent nicht überschreiten.

Tipp: Bringen Sie im Deckel oder an den Seiten der Zuchtbox großflächige Luftschlitze an, die mit feinmaschiger Metallgaze ausbruchssicher gemacht werden.

Da Grillen und Heimchen lichtscheue Insekten sind und mächtig zirpen, eignet sich der Keller als Standort. Optimal ist der Heizungsraum. Denn für diese Zucht braucht man eine konstante Wärme von 28 bis 30 °C. Ansonsten kann die Beheizung auch mittels Glühbirnen, Strahlern oder Heizkabeln erfolgen.

Grillen wie auch Heimchen sind in punkto Nachwuchs sehr aktiv. Ein Weibchen produziert im Laufe seiner etwa dreimonatigen Lebenszeit bis zu 300 Eier. In der freien Natur werden diese einfach in der Erde abgelegt. Doch das ist bei der Zucht ein Problem, denn die Insekten sind kannibalisch veranlagt. Ungeschützte Eier werden schnell wieder ausgebuddelt und aufgefressen.
Damit das nicht passiert, benötigt man spezielle Ablageschalen. Dafür eignet sich beispielsweise ein Quarkbecher (circa 10 x 10 x 5 cm). Dieser wird bis zu einer Höhe von fünf bis acht Zentimetern mit feuchtem Sand, gesiebter Erde, Torf oder einem Gemisch aus diesen Substraten gefüllt. Auch Steckschwämme aus dem Pflanzenfachgeschäft können verwendet werden.
Wichtig: Das Substrat darf nicht austrocknen und muss daher alle zwei bis drei Tage kontrolliert und gegebenenfalls neu besprüht werden.
Zum Schutz der Eier ist es unerlässlich die Ablagedose mit Drahtgaze abzudecken. Da die Weibchen einen Legestachel besitzen, können sie die Eier durch die Gaze hindurch ablegen. Die Maschengröße sollte bei einem Millimeter liegen. Wer höhere Zuchtergebnisse erhalten möchte, stellt zwei Eiablageschalen in die Box.

Tipp: Ist die Dose mit Eiern gefüllt, kann man sie aufs Terrarium zu stellen. Dort wird die erforderliche Zuchttemperatur von rund 30 °C problemlos erreicht. Generell kann man die Dauer des Schlüpfens über die Temperatur regeln. Je wärmer es ist, desto schneller geht es. Bei 25 °C dauert es bei Grillen rund zwölf, bei Heimchen 14 Tage.

Sind die ersten Junginsekten geschlüpft, werden die Schalen entnommen. Diese stellt man nun ohne Deckel in eine weitere Zuchtbox (25 x 15 x 16 cm). In den ersten Zuchtkasten kommen wieder frische Legeschalen hinein. Das Ganze geschieht am besten im Wechsel. Allerdings darf man das Legesubstrat nur einmal verwenden. Bis sie eine Größe von 7 mm erreicht haben, benötigen Nachwuchs-Grillen eine höhere Luftfeuchtigkeit. Daher muss das Substrat in dieser frühen Phase regelmäßig befeuchtet werden.
Gefüttert werden die Baby-Insekten zunächst täglich mit Weizenschrot. Da Grillen und Heimchen das Hauptfutter für die Leos darstellen, sollten sie in der folgenden Zeit jedoch so hochwertig und so abwechslungsreich wie möglich ernährt werden. Die Insekten selbst sind wenig wählerisch. Sie fressen genauso gerne pflanzliche wie tierische Produkte.
Ideal ist eine Mischung aus Feucht- und Trockenfutter. Das Hauptfutter kann aus Karotten, Zucchini, Gurke, Salaten, Äpfeln, Orangen, Kirschen, Aprikosen, Bananen oder Weintrauben bestehen.
Auch Frisches der Saison wie Löwenzahnblätter, Wiesenkräuter wie Wegerich oder Miere reichern die Ernährung an. Als Trockenfutter kommen Haferflocken, Weizenschrot Hundeflocken, Fisch- und Kaninchenfutter in Frage.

Hinweis: Gemüse und Obst sollte man „mundgerecht" anbieten: in Scheiben, kleinen Stücken oder geraspelt. Bitte beachten: Wer Grünzeug in der Natur einsammelt, sollte auf genügend Abstand zu befahrenen Straßen achten. Das Futter muss stets schadstofffrei sein.

Man kann diese Futterinsekten täglich füttern oder alle zwei bis drei Tage. „Serviert" wird die Grillennahrung in flachen Futterschalen. Wichtig ist, dass man Futterreste täglich entfernt, damit es nicht zu Schimmel, Bakterien- oder Milbenbefall kommt. Außerdem muss immer genügend Wasser zur Verfügung stehen. Diesen Bedarf deckt man am besten über eine Vogeltränke, die mit Klebeband an der Scheibe befestigt wird. Legen Sie ein Stück Watte oder Schaumstoff hinein, das rettet die Grillen vor dem Ertrinken. Die Tränke sollte täglich gereinigt werden. Eierkartons und Papprollen muss man ab und zu erneuern. Auch der Zuchtbehälter sollte regelmäßig eine Generalreinigung erfahren.
Junge Grillen sind nach etwa acht bis zehn Wochen ausgewachsen, bei Heimchen dauert es sieben bis acht Wochen. In bestimmten Intervallen sollte man die Insekten nach Größe aussortieren und verfüttern. Dazu nehmen Sie die Eierkartons heraus und klopfen sie über dem Terrarium ab. Für eine erste Zucht kann man circa 50 Weibchen und 20 Männchen ansetzen. Die Weibchen erkennt man an ihrem Legestachel. Da die Entwicklung von Ei zu Ei dauert, muss man sich ein halbes Jahr gedulden, bis die Zucht richtig läuft. Ist sie erst einmal eingefahren, kann sie sehr ergiebig sein.

Achtung: Grillen und Heimchen zirpen gewaltig.

Mehlwürmer und Mehlkäfer

Tenebrio molitor

Alle Leos sind scharf auf Mehlwürmer. Das Gute: Diese Leckerbissen lassen sich ebenfalls recht leicht züchten. Als Box ist dafür

Lecker und einfach zu züchten: Mehlkäferlarven.

lediglich eine kleine Schale aus Kunststoff von Nöten. Diese sollte unbedingt flach sein, um die Bildung von Kondenswasser zu verhindern. Wenn der Behälter feucht wird, droht Milbenbefall.

Den Boden kann man mit einer Mischung aus Kleintierstreu, Hafer- und Hundeflocken, Kleie, Mehl, Fischfutter oder auch Brotresten bedecken. Man kann diesem Gemisch auch Hefe zusetzen. Um die Futtertiere mit Nährstoffen anzureichern, ist es ratsam zudem vitaminreiches frisches Obst und Grünzeug zu verfüttern, wie Apfel- und Möhrenstückchen sowie Salat- oder Löwenzahnblätter. Damit die Zucht parasitenfrei bleibt, sollte man die Frischfutter-Überreste vom Vortag stets sorgfältig entfernen.

Hinweis: Am besten verfüttert man die ausgewachsenen Mehlkäferlarven, dann ist die Zucht am ergiebigsten. Allerdings muss man von ihnen immer ein Teil aufbewahren, damit die Produktion weiterläuft. Bei guter Fütterung verpuppen sich die Larven nach drei bis sechs Wochen zu Puppen. Ein Teil der Puppen kann nun direkt verfüttert werden, der andere zieht um in eine weitere

Plastikschale. Zu Fressen brauchen sie in dieser Übergangsphase nichts. Nach rund 21 Tagen schlüpfen die ersten Mehlkäfer. Sie sind zunächst hellbraun und werden 15 bis 18 mm breit und 3,5 mm hoch. Die Lebensdauer der nachtaktiven Käfer beträgt vier Wochen. Nur schwer kann man Männchen von Weibchen unterscheiden. Ein Anzeichen ist: Die Vorderbeine der Weibchen sind gerade, die der Männchen gebogen.
Nach dem Schlupf müssen die Mehlkäfer erneut umziehen. Der Kasten für die Käfer muss mit einem leichten Gitter abgedeckt werden, da diese Insekten fliegen können. Der Boden wird mit ein wenig Erde ausgelegt, oben auf legen Sie zusammengeknülltes Küchenpapier oder Wellpappe. Mehlkäfer fressen das gleiche wie Mehlwürmer. Die Futtermenge richtet sich stets nach der Anzahl der Futtertiere. Eine Ecke der Schale muss regelmäßig befeuchtet werden. Dort legen die Mehlkäfer nun permanent die Eier hinein – und daraus schlüpfen dann wieder die Würmer.
Die Entwicklung von Ei zu Ei dauert bei einer Temperatur von 28 bis 30 °C drei Monate.

Hinweis: Da Mehlwürmer eine unverdauliche Chitinhülle besitzen, sollte man nur frisch gehäutete Mehlwürmer verfüttern. Diese erkennt man an ihrer Farbe. Sie sind nahezu weiß. Man kann sie in einem Fressnapf anbieten, der eine Höhe von sechs Zentimetern haben sollte. Bis man eine wirklich Mehlwurmzucht aufgebaut hat, vergeht mindestens ein Jahr. Daher wird man am Anfang immer mal wieder Mehlwürmer kaufen und die Zucht nebenher aufbauen. Für den kleinen Bedarf genügt auch ein einziger Zuchtbehälter.

Ägyptische Wanderheuschrecken

Locusta migratoria

Heuschrecken zu züchten ist schon etwas aufwändiger. Am einfachsten gestaltet sich noch die Vermehrung der Ägyptischen Wanderheuschrecke. Diese wird 5 bis 7 cm lang. Weibchen sind etwas größer und kräftiger als die Männchen. Auch Heuschrecken sind sehr produktiv: Ein Weibchen kann bis zu 480 Eier legen.
Hier sollte die Zuchtbox aus einem Glasterrarium oder einem Holzkasten mit Frontscheibe bestehen. Auf jeden Fall muss das Behältnis mindestens 25 x 30 x 30 cm groß sein. Innen sollte an einer Seite und an der Rückwand Gaze befestigt werden. Das erleichtert den Heuschrecken die Häutung. Wird das Terrarium ständig auf einer Temperatur von 32 bis 38 °C gehalten, verkürzt sich die Entwicklungszeit. Dann schlüpfen die Larven bereits nach zehn Tagen und sind nach 20 Tagen ausgewachsen.
Diese Temperaturbedingungen werden durch eine Glühbirne mit entsprechender Wattzahl geschaffen, die an der Rückwand befestigt wird.

Auch für Zucht von Heuschrecken wird eine spezielle Eiablagebox benötigt. Dieser Becher muss mindestens 7 cm hoch sein und mit dem gleichen Substrat wie bei den Grillen gefüllt sein. Auch hier sollte das Substrat ständig feucht gehalten und nach vier Wochen ausgewechselt werden. Die mit Eiern gefüllten Behälter kommen dann in einen weiteren Zuchtkasten. Nach rund zwei Wochen schlüpfen die Heuschrecken, die sich alle vier bis fünf Tage häuten. Nach vier bis fünf Wochen sind sie geschlechtsreif.

Zu Fressen bekommen die Heuschrecken ein- bis zweimal täglich. Das Heuschreckenfutter wird in einer flachen Schale gereicht. Man kann sie mit Trockenfutter wie Weizenkleie, Haferflocken, Hundeflocken oder altem Brot ernähren. Auch saftiges Grünfutter, Äpfel, Möhren, Birnen und verschiedene Salatsorten sollten nicht fehlen. Einfaches Gras sowie das Laub von Bäumen wie Eichen, Buchen, Linden, Ahornen und Obstbäumen wird ebenfalls gerne vertilgt.

Achtung: Diese Insekten sind sehr empfindlich. Rückstände von Insektiziden an der Nahrung wirken auf die Zucht tödlich.

Das optimale aber auch etwas umständliche Frischfutter ist Keimweizen, den man selber hochzieht. Und so funktioniert es: Weizenkörner einen Tag lang in lauwarmem Wasser einweichen. Anschließend die Körner an einem hellen, warmen Platz in einer Schale auf feuchtem Küchenpapier auslegen. Täglich befeuchten. Ist der Weizen acht Zentimeter groß, wird er verfüttert.

Wichtig: Ein kleines Trinkgefäß, das mit ein Stück Watte oder Schaumstoff ausgelegt ist, sollte ebenfalls vorhanden sein. Zwei bis dreimal pro Woche wird der Kot mit einer kleinen Schaufel entfernt. Ältere Tiere sollten immer verfüttert werden. Heuschrecken-Opas erkennt man an ihrer schwefelgelben Farbe, die alten Weibchen werden braun. Zur Verfütterung werden die Wanderheuschrecken ins Terrarium geschüttet. Da sie sich nicht verstecken sind sie optimale Futtertiere. Falls Pflanzen vorhanden sind, sollte man sie dennoch sparsam verfüttern. Denn Heuschrecken, die übrig bleiben, sind eine Plage für alles Grüne.

Zophobas
Zophobas morio

Zophobas – eine Gaumenfreude für jeden erwachsenen Leopardgecko.

Die Larven des „Großen Schwarzkäfers" sehen aus wie Riesen-Mehlwürmer. Sie sind ebenfalls ziemlich fett, aber nahrhafter als Mehlwürmer. Da sich Zophobas durch fast alles hindurch fressen, müssen die Zuchtboxen aus Glas, PVC oder Hartplastik bestehen. Die Mindestgröße beträgt 30 x 20 x 20 cm.
Die Temperatur sollte zwischen 27 bis 29 °C liegen. Die Beheizung kann genauso gut durch Glühbirnen und Wärmestrahler wie durch Heizmatten oder -kabel erfolgen. Allerdings mögen die Käfer keine Helligkeit, deswegen darf nicht jeder Platz im Zuchtkasten ausgeleuchtet sein.

Tipp: Verwenden Sie gegebenenfalls Dunkelstrahler.

Die optimale Luftfeuchtigkeit beträgt mindestens 60 und maximal 90 Prozent. Um Milbenbefall zu vermeiden, muss man da-

rauf achten, dass sich auch im Zuchtbehälter kein Kondenswasser bildet. Der beste Schutz davor sind großflächige Belüftungsschlitze an den Seiten und im Deckel, die mit feiner Metallgaze gesichert werden.
Als Bodensubstrat kann man eine Mischung aus Kleintierstreu verwenden, die sieben bis zehn Zentimeter hoch ausgelegt wird. Da es in der Zucht immer feucht sein muss, ist tägliches Besprühen erforderlich. Als Eiablageplatz dienen Astteile oder morsche Holz- oder Rindenstücke.

Tipp: Wer Holz draußen einsammelt, sollte es mit heißem Wasser übergießen und vor dem Einsetzen längere Zeit trocknen lassen.

Ein Weibchen kann bis zu 400 Eier legen. Nach acht bis zwölf Tagen schlüpfen die gelben Larven. Bei einer größeren Zucht mit mehreren Boxen werden sie nun in separate Kästen mit Eierkartons überführt. Dort häuten sie sich mehrmals, bis sie nach sechs bis acht Wochen ihre Endgröße von rund sechs Zentimetern erreicht haben. Während dieser Zeit kann man sie verfüttern. Wer weiterzüchten will, behält ein paar. Die Verpuppung erfolgt nach weiteren fünf bis acht Wochen. Nach 21 bis 28 Tagen zeigen sich dann die ersten Käfer – und alles beginnt von vorne.

Tipp: Damit sich Zophobas schnell verpuppen, brauchen sie Privatsphäre und Ruhe. Deswegen sollte man sie nur einzeln oder maximal zu zweit in einer Dosen unterbringen. Ideal sind beispielsweise Filmdosen.

Alle ein bis zwei Tage muss die Zucht gefüttert werden. Zophobas sind Allesfresser. Geeignet ist eine Mischung aus Trocken- und Feuchtfutter. In Frage kommen Haferflocken, Kleie, Mehl, Hefe und Milchpulver sowie Salat, Karotten, Äpfel, Birnen, Apfelsinen, Bananen, Kartoffeln oder Löwenzahn.

Hinweis: Käfer benötigen auch tierische Nahrung. Sie müssen daher zudem mit Hunde- bzw. Katzenfutter versorgt werden. Ein zusätzlicher Wassernapf ist nicht notwendig, allerdings sollte man das Trockenfutter anfeuchten. Nahrungsreste müssen entfernt werden. Außerdem sind zweimal pro Monat das Substrat zu wechseln und alle Zuchtkästen regelmäßig zu reinigen, sonst drohen Schimmel oder Milbengefahr. Für den ersten Zuchtansatz genügen zehn bis 20 Käfer.

Ganz wichtig: Man muss bei Zophobas darauf achten, dass vor dem Verfüttern der Kopf zerdrückt wird, da sich dort ihre gefährlichen Schneidewerkzeuge befinden. Werden sie vom Leopardgecko komplett geschluckt, können sie sich in der Magenwand verbeißen und schwere Wunden verursachen.

Argentinische Schaben
Blaptica dubia

Auch Schaben sind ein gutes Lebendfutter. Doch züchten sollte man Schaben nicht unbedingt. Denn wenn diese Schaben auf einmal im Haus herumspazieren, könnten die restlichen Mitbewohner sehr empfindlich reagieren. Erschwerend kommt hinzu, dass man Flüchtlinge im allgemeinen lange Zeit nicht bemerkt. Denn sie sind nachtaktiv, leise und leben im Verborgenen. Und wenn man die ersten sieht, steht fest, dass da noch viel mehr sind - und zwar massenweise. Denn Schaben vermehren sich in Windeseile. Ungefährlicher ist es, wenn man ab und an welche kauft. Auch dann sollte man sie mit der Pinzette reichen, da sie sich im Terrarium verstecken.

Große Wachsmotte
Galleria mellonella

Die Maden der Großen Wachsmotte sind für Leos eine echte Delikatesse. Sie eignen sich vor allem ganz hervorragend für pflegebedürftige kränkelnde Leos, die unter Appetitlosigkeit leiden.
Als Zuchtbox genügen Plastik- oder Blecheimer sowie große Gläser. In den Deckel muss ein großes Loch geschnitten werden, das mit Metallgaze abgedichtet wird. Auch bei dieser Zucht sollte man unbedingt zu hohe Luftfeuchtigkeit und die Bildung von Kondenswasser vermeiden, da sonst Milbenbefall droht. Eine gute Belüftung ist daher überlebenswichtig, Die ideale Temperatur beträgt rund 28 °C. Im Idealfall ernährt man die Wachsmotten mit alten Honigwaben. Als Alternative gibt es mehrere Rezepte aus der „Terrarianerküche“.

Beispiel für einen nahrhaften Futterbrei:
Verrühren Sie 1 l Glycerin, 1 kg Honig, 1 kg Weizenmehl und 1 kg Weizenkeime. Geben Sie etwas Mehl hinzu, so dass der Brei krümelig und leicht feucht wird. Der Nährbrei wird 5 bis 6 cm hoch in den Zuchtbehälter eingefüllt. Obenauf legt man Wellpappe oder zerknülltes Papier für die Verpuppung, die nach 25 Tagen stattfindet.

Ab und zu muss der Kot entfernt werden. Das ist wichtig, denn Kot wird von den Motten wieder gefressen, oder er kann Schimmel ansetzen. Ansonsten sind diese Futtertiere sehr robust. Nach zwölf Tagen schlüpfen die Motten.

Achtung: Der Zuchtkasten muss ausbruchssicher sein. Wachsmotten gelten außerdem nicht umsonst als „Lieblinge der Hausfrauen“. Wenn die Raupen ausbüchsen, findet man sie schnell mal in den Gardinen wieder...

Auch der westafrikanische Rosenkäfer und die Indische Stabheuschrecke eignen sich für die Futtertierzucht.

Mit der Zunge tastet der Gecko nach Feuchtigkeit oder Nahrung.

Das gemeinsame Wärmebad zeigt, dass sich diese Beiden offensichtlich gut verstehen. Harmonisieren die Paare gut miteinander, kommt es sehr schnell zu einer Verpaarung.

Die Zucht der Leopardgeckos

Im Vergleich zu vielen anderen Echsenarten lassen sich Leopardgeckos relativ einfach vermehren. Fühlen sich die Tiere wohl, paaren sie sich willig und die Zucht klappt fast von alleine. Trotzdem: Vom Kauf bis zum ersten Schlupf dauert es seine Zeit. Die einzelnen Tiere müssen sich eingewöhnen, miteinander harmonieren und im Terrarium sollten in Hinblick auf Temperatur und Feuchtigkeit optimale Bedingungen herrschen.

Geschlechtsreife

Nicht selten kommt es schon vor der Geschlechtsreife zu Paarungsversuchen. Doch das ist von Nachteil, denn dadurch wird das Weibchen nur unnötig angestrengt. Manchmal entwickeln sich dabei unbefruchtete Eier, die im Fachjargon „Wachseier" genannt werden.

Wann junge Leopardgeckos geschlechtsreif werden, hängt in der Regel von den Haltungsbedingungen ab. In den meisten Fällen dauert es bei Weibchen und Männchen 12 bis 15 Monate. Manche Exemplare sind aber auch schon mit sieben Monaten soweit. Darüber hinaus gibt es regelrechte Spätzünder, die sich erst ab einem Alter von 18 Monaten vermehren.

Stellt man beim Eintritt der Geschlechtsreife fest, dass bestimmte Tiere sehr aggressiv aufeinander reagieren, handelt es sich höchstwahrscheinlich um Männchen. Leoherren zeigen ein ausgeprägtes Revierverhalten. Kommt ihnen ein Geschlechtsgenosse in die Quere, richten sie sich auf, fauchen und gehen beißend aufeinander los. Zwar tritt das unterlegene Männchen

Eine erste Kontaktaufnahme – zwei Leopardgeckos beschnüffeln sich vorsichtig.

in der Regel schnell den Rückzug an, das Problem ist nur: Es kann seinem Konkurrenten im Terrarium nicht entgehen, im Gegensatz zur freien Wildbahn. Beide laufen sich immer wieder über den Weg und die Streitereien halten somit an. Das hat zur Folge, dass das schwächere Tier irgendwann an seinen Verletzungen und dem Stress eingehen wird. Deswegen müssen Männchen unverzüglich getrennt werden. Ausnahmen gibt es nicht: Es ist generell unmöglich mehrere Männchen im gleichen Terrarium zu halten.
Auch unter Weibchen kann es manchmal zu Streitereien und Beißereien kommen. Trennt man die Konkurrentinnen nicht, wird das unterlegene Tier ebenfalls auf Dauer abmagern. Um das zu vermeiden sollte man die „Sorgendame" zunächst einmal für eine kleine Weile in ein Einzelterrarium befördern, um sie aufzupäppeln. Später kann man sie – unter Beobachtung – wieder zur Gruppe setzen. Nicht selten geht dann wieder alles gut.

Paarung und Eiablage

In der Heimat der Leopardgeckos ist von März bis September Paarungszeit. Im Terrarium gibt das Ansteigen der Temperatur nach der Winterruhe den Anstoß dazu. Generell sollte man nur gesunde Tiere zur Zucht verwenden.
Zunächst nähert sich das Männchen züngelnd dem Weibchen. Ist sie einverstanden, verhält sich das Leomädel im allgemeinen recht passiv und hält still. Manche Damen versuchen aber auch zu flüchten, was ihnen im Terrarium allerdings kaum gelingt, denn das Männchen wird das Weibchen immer hartnäckig verfolgen. Um es festzuhalten, beisst das Männchen ihr dabei auch häufig in den Nacken. Dieser Paarungsbiss hinterlässt im allgemeinen keine ernsten Verletzungen. Allerdings sollte man die Stelle dennoch ein paar Tage beobachten, um im Falle einer auftretenden Entzündung schnell handeln zu können. Bei der Begattung führt das Männchen einen seiner beiden Hemipenise ins Weibchen ein. Die Paarung kann auch mehrmals nacheinander erfolgen.

Tipp: Kommen die Paare nicht zur Sache, sollte man die Geschlechter übergangsweise trennen. Häufig kommt es dann beim Wiedersehen sofort zum Verkehr.

War die Paarung erfolgreich, so kann man das rund 14 Tage später sehen. Die zukünftige Leomutter wird schnell dicker und die weißen Eier schimmern durch die Unterseite der Bauchhaut hindurch. Das Verhalten ändert sich ebenfalls. Trächtige Weibchen sind aggressiver. Darüber hinaus haben sie einen stärkeren Appetit und sollten nun auch so viel Futter bekommen, wie sie fressen können. Außerdem muss ihre Nahrung möglichst hochwertig sein. Neben den üblichen Grillen und Heimchen, darf jetzt auch öfters mal eine Wachsmade auf dem Speiseplan stehen. Einmal die Woche kann auch eine kleine Maus die Menüfolge bereichern.
Ganz wichtig sind nun auch Vitamine und vor allem Kalzium, unter anderem für die Bildung der Eierschalen. In dieser Phase nehmen die Weibchen gerne zerkleinerte Sepiaschalen an. Ein Schälchen davon sollte grundsätzlich immer im Terrarium stehen. Ansonsten braucht das Weibchen während der Trächtigkeit vor allem Ruhe.

Ein geeigneter feuchter Platz für die Eiablage, den man umgraben kann, ist für trächtige Weibchen überlebenswichtig. In den feuchten Boden werden ein bis zwei Eier abgelegt und vergraben.

Ein zweites Ei folgt dem ersten und dann wird auch dieses mit dem Schwanz eingegraben. Die Weibchen bewachen dann noch das Gelege, was ja im Terrarium sowieso kein Problem ist. Bei der Zucht werden vom Pfleger aber die Eier entnommen.

Die Tragedauer beträgt drei bis vier Wochen. Kurz bevor es soweit ist, erfolgt eine erneute deutliche Verhaltensänderung. Jetzt wird das Weibchen dem Männchen gegenüber noch aggressiver. Außerdem verliert es jetzt häufig den Appetit. Manche fressen sogar gar nichts mehr. Des weiteren kann man beobachten, dass sich die Tiere öfter mal aufwärmen. Und sie werden immer unruhiger. Ein bis zwei Tage vor der Ablage wandern die Weibchen nervös umher, wühlen im Boden herum und suchen offensichtlich nach einem geeigneten Platz für die Ablage. Und dieser muss vorhanden sein, denn das Fehlen einer geeigneten Stelle führt zu Legenot und damit zum Tod des trächtigen Tieres.
Um die Eier ablegen zu können, benötigt das Weibchen eine feuchte, warme Stelle, in der es leicht graben kann. Die erforderliche Temperatur liegt zwischen 25 und 30 °C.

Achtung: Dieser Platz sollte von oben erwärmt und zusätzlich befeuchtet werden, da das Substrat sonst schnell austrocknet.

Damit die empfindlichen Eier nicht beschädigt werden, sollte man Eiablage-Boxen aus Kunststoff ins Terrarium stellen. Dafür eignen sich Dosen, die eine Größe von mindestens 20 mal 10 cm haben. Sie müssen unverschlossen bleiben. Hinein geben Sie rund 7 cm Substrat, damit die „Mama" buddeln kann. Das Substrat muss unbehandelt, locker und mäßig feucht sein. Die Bedingungen der direkten Umgebung sind entscheidend für das Gedeihen der Eier. Denn durch die sehr dünne Schale der Eier gelangen Sauerstoff und Flüssigkeit nach innen. Fehlt Wasser, trocknen die Eier aus. Auf der anderen Seite darf er aber auch

nicht zu nass in der Box werden. Auf keinen Fall sollte Wasser darin stehen.
Optimale Substrate sind Vermiculite und Perlite. Diese legt man zuvor in Wasser, nimmt sie heraus und drückt sie aus wie einen Schwamm. Vorteil: Sie sind frei von Pilzen und anderen Keimen. Das ist gerade angesichts der Luftfeuchtigkeit von 90 oder 95 Prozent wichtig, da sich bei diesen hohen Werten schnell Schimmel bildet.
Am besten ist es, man stellt dem Weibchen anfangs mehrere solcher Boxen an verschiedenen Stellen zur Verfügung. Später weiß man, welche sie bevorzugt. Dann reicht eine Box. Die Eiablage erfolgt meist während der Nacht. Hat die Dame sich für einen Platz entschieden, gräbt sie mit den Vorder- und Hinterfüßen ein Loch, das einige Zentimeter tief ist. Dort legt sie ein bis zwei Eier hinein und scharrt das Loch wieder zu. Im allgemeinen häuft sie sogar noch einen kleinen Hügel oben drauf an. Anschließend behütet sie das Gelege häufig noch ein bis zwei Tage lang.
Nach der Eiablage folgt meist rasch die nächste Paarung. Leopardgeckos paaren sich über Monate mehrmals nacheinander. Hinzu kommt: Wie andere Reptilien auch, können weibliche Leos die Spermien speichern. So können auch ohne erneute Paarung, mehrere befruchtete Gelege abgelegt werden. Ein junges Weibchen legt ein bis drei Gelege pro Jahr, später dann vier bis fünf, manchmal sogar zehn. Ist es sehr produktiv, produziert es somit fast alle vier Wochen ein Gelege. Doch ein solch hoher Ertrag ist nicht unbedingt empfehlenswert, denn die Trächtigkeit ist auch sehr anstrengend. Mit zunehmendem Alter lässt die Fruchtbarkeit nach. Im Alter von circa 14 Jahren ist es damit dann ganz vorbei.

Die Ei-Entnahme

Eigentlich ist es schade, dass man das Gelege nicht im Terrarium lassen kann. Denn Leomamas haben durchaus Mutterinstinkte. Wenn man sich mit der Hand dem Eierhügel nähert, kommen sie angelaufen, um ihr Gelege zu beschützen. Hat man die Eier entnommen, bauen sie wieder einen neuen Hügel über der Stelle, wo die Eier lagen.
Leider ist diese Maßnahme aus mehreren Gründen erforderlich: Zum einen könnten Futtertiere oder die erwachsenen Leos selbst das Gelege beschädigen – durch Grabungen oder indem sie die Jungtiere auffressen. Denn auch Leos sind kannibalisch veranlagt. Zum anderen ist fürs Ausbrüten eine konstante Temperatur und vor allem auch Luftfeuchtigkeit nötig, die im Terrarium nicht erreicht wird. Dafür braucht man einen Brutapparat, der in der Fachsprache Inkubator genannt wird.
Sollte die Eiablage-Dose in den Inkubator passen, kann man sie einfach entnehmen und in den Brutkasten stellen. Voraussetzung ist allerdings, dass das Substrat sauber geblieben ist. Hat es Fäkalien oder tote Futtertiere abbekommen, müssen die Eier entnommen und das Substrat gewechselt werden.
Wann man die Eier entnimmt, ist generell Gefühlssache. Denn sie sind anfangs noch sehr weich. Manche Menschen besitzen so viel Fingerspitzengefühl, dass sie die Eier sofort herausnehmen können. Andere warten ein paar Stunden, bis die Schale stärker ausgehärtet ist. Im Endeffekt macht das keinen großen Unterschied, denn die Eier der Leopardgeckos kleben nicht zusammen. Dennoch sollte man mit ihnen stets

äußerst behutsam umgehen. Bevor man die Eier entnimmt, muss man eine neue Dose vorbereitet haben.

1. Schritt:
Formen Sie zwei kleine Mulden im Substrat, die sich nicht zu eng nebeneinander befinden. Denn die Eier nehmen in der nächsten Zeit an Umfang zu.

2. Schritt:
Legen Sie das Gelege vorsichtig frei.

3. Schritt:
Vor der Entnahme müssen Sie die Eier kennzeichnen, am besten mit einem weichen Bleistift. Denn die Eier dürfen nicht gedreht werden.

4. Schritt:
Entnehmen Sie die Eier und legen Sie diese paarweise in die vorbereiteten Mulden.

5. Schritt:
Stellen Sie die Dose in den Inkubator. Einen solchen Apparat kann man im Handel kaufen - oder selbst basteln.

Praxis-Tipp:
Mit ein wenig handwerklichem Geschick lässt sich ein Brutkasten auch im Selbstbau herstellen.

Die einfachste Grundlage dafür ist ein kleines Aquarium (60 x 30 cm). Am Rand werden Winkelprofile angebracht auf die man ein Gitter stellt. Bis zu einer Höhe von zehn Zentimetern füllt man Wasser hinein. Dieses wird mit einem Heizstab aus der Aquaristik erwärmt. Dadurch kommt die notwendige Temperatur und auch die nötige Luftfeuchtigkeit zustande. Für die Überwachung der Temperatur ist ein Thermometer notwendig. Die Boxen mit den Eiern stellt man auf das Gitter. Oben wird das Ganze

Eier in einem Inkubator, der für eine gleichmäßige Temperatur sorgt.

von einer schief stehenden Scheibe abgedeckt. Das ist wichtig, damit das Wasser schräg abläuft und nicht auf die Eier tropft.

Hinweis: Der Brutkasten und sämtliches Zubehör muss vor der Ei-Entnahme nicht nur fertig bereit stehen, sondern sollte auch ein paar Tage zuvor probegelaufen sein.

Muss das Gelege nachbefeuchtet werden, darf man dafür nur vortemperiertes Wasser verwenden. Dieses sollte die Zeitigungstemperatur nicht über- oder unterschreiten, damit die Eier keinen Temperaturschock erleiden.

Achtung: Die Eier dürfen niemals direkt benetzt werden. Gießen Sie das Wasser daher keinesfalls auf die Eier, sondern geben Sie es über den Rand der Dose zu. Es genügt, wenn man die Feuchtigkeit alle drei bis vier Wochen kontrolliert. Da es sich um ein geschlossenes System handelt, kann eigentlich keine Feuchtigkeit verdunsten – außer beim Öffnen...

Im Inkubator muss eine Luftfeuchtigkeit von 70 bis 80 Prozent herrschen. Die Temperatur kann zwischen 25 und 33 °C schwanken. Man sollte sie aber nicht dem Zufall überlassen. Denn durch ihre Höhe wird das Geschlecht bestimmt.

- Bei maximal 26 °C kommen nur Weibchen auf die Welt.
- Bei 29 °C schlüpfen Männchen und Weibchen ungefähr zu gleichen Teilen. Für Männchen ist diese Temperatur gut. Sie werden im allgemeinen groß und stark.
- Zwischen 31,5 bis 32,5 °C entwickeln sich nur Männchen, die in der Fachsprache „heiße Jungs“ genannt werden.
- Über 33 °C entstehen dann wieder nur Weibchen.
- Ab 34 °C wird es zu heiß für die Brut.

Wie lange das Ausbrüten dauert, ist unterschiedlich. Es kann 35 oder 80 Tage in Anspruch nehmen. Auch das ist abhängig von der Temperatur. Je wärmer es ist, desto schneller geht es. Bei einer Temperatur von circa 25 °C dauert es 70 Tage, bei 32 °C 30 Tage weniger.
Wie stark die Eier während des Ausbrütens wachsen, hängt von den Haltungsbedingungen, dem Alter der Mutter und ihrer Produktivität ab. Als Anhaltspunkt kann man aber sagen, dass ein normales Ei bei

der Ablage ungefähr 15 mm breit und 26 mm lang ist. Beim Schlupf hat es sich dann auf 19 mm Breite und 29 mm Länge ausgedehnt.

Tipp: Es kann vorkommen, dass die Eier von Pilzen befallen werden. Um sie zu retten, können sie mit einer entsprechenden Salbe bestrichen werden. In diesem Fall wird auch ein Wechsel des gesamten Substrats fällig.

Hinweis: Sind Eier unbefruchtet, so fallen sie schon nach ein paar Tagen im Inkubator zusammen. Schon zuvor kann man sie von den befruchteten unterscheiden. Die so genannten Wachseier schimmern gelblich und sind oft regelrecht wabbelig. Befruchtete Eier sind dagegen weiß und nehmen nach einer Weile die Farbe des Substrats an.

Das erste Anzeichen für den bevorstehenden Schlupf ist: Die Eier beginnen zu schwitzen. Bald darauf zeigt sich der Kopf des Babygeckos. Frisch geschlüpfte Leos sind rund sieben bis neun Zentimeter lang und circa drei Gramm schwer. Kaum sind sie geschlüpft, huschen sie auch schon recht zackig umher. Bereits jetzt ist es nicht gerade einfach, das Jungtier zu fangen.

Die Temperatur während des Ausbrütens bestimmt das spätere Geschlecht.

Das Bild dient nur zum Größenvergleich (siehe auch Seite **13**). Man darf junge und erwachsene Tiere nie zusammen halten. Ausgewachsene Geckos vergreifen sich schnell an Jungtieren und betrachten diese als Nahrung.

Kurze Zeit nach der Geburt häutet sich der Nachwuchs dann zum ersten Mal. Manche Babys fressen erst am zweiten Tag, andere fangen fast sofort damit an.

Die Aufzucht der Jungtiere

Die Pflege von jungen Geckos ist im großen und ganzen recht problemlos. Nachdem die Jungtiere geschlüpft sind, kommen sie in ein spezielles Aufzucht-Terrarium. Optimal ist, wenn man sie einzeln aufwachsen lässt. Während der ersten acht bis zwölf Wochen genügt ihnen eine Grundfläche von 20 x 20 cm. Danach benötigen sie so viel Platz wie ein erwachsenes Tier.
Auch in der Kinderstube muss es einen feuchten Rückzugsplatz geben. Dieser kann sich beispielsweise unter einer Tonschale befinden. Versteckmöglichkeiten müssen ebenfalls vorhanden sein. Dazu eignen sich

Zum Klettern eignet sich auch Lavagestein.

Optisch ansprechend und eine tolle Gelegenheit um Kletterkünste auszuprobieren: Wurzeln und Hölzer sorgen auch im Aufzucht-Terrarium für Abwechslung.

Der Nachwuchs hat ähnliche Bedürfnisse wie die ausgewachsenen Tiere.

Die Heuschrecken für den Nachwuchs dürfen eine bestimmte Größe nicht überschreiten.

beispielsweise Pappkartons. Im zweiten Lebensmonat sollten die Mini-Leos erste Klettermöglichkeiten bekommen wie zum Beispiel kleine Wurzeln.

Auch ansonsten unterscheidet sich die Haltung der Jungen nicht wesentlich von der Haltung der erwachsenen Tiere. In punkto Temperatur und Beleuchtung gelten für sie die gleichen Bedingungen. Auch muss man bei den Jungen jeden Tag das Terrarium besprühen und das Wasser wechseln.

Ein wesentlicher Unterschied ist jedoch: Die Fütterung der Jungtiere muss täglich erfolgen. Dazu benötigt man kleinere Heimchen oder Grillen. Manche Junggeckos fressen nur kleine Heimchen bis zu 0,5 cm. Anderen wieder sind diese jedoch zu klein, sie fressen nur Heimchen, die mindestens 1 cm groß sind. Das muss jeder Halter selbst ausprobieren.

Ansonsten gilt bei Jungtieren die gleiche Faustregel wie bei den Erwachsenen: Die Futtertiere dürfen nicht größer sein als die Kopfbreite. Außerdem muss man beim Nachwuchs aufpassen, dass keine Futtertiere im Terrarium verbleiben. Denn diese könnten die Junggeckos annagen. Als Leckerbissen für zwischendurch dürfen die jungen Geckos auch mal mit einem Mehlwurm verwöhnt werden. Zophobas vertragen sie jedoch noch nicht.

Auch die Futtertiere der Jungtiere müssen mit Vitamin-Mineralpulver bestäubt werden. Gerade Kalzium ist sehr wichtig für den Nachwuchs. Sie brauchen es unter anderem für den Aufbau ihres Skeletts. Ein Mangel lässt die Knochen weich werden. Was die Dosierung betrifft, sollte man die Herstellerangaben beachten. Damit die Jungtiere das Futter anfangs besser finden, kann man es während der ersten vier Wochen in einem Futternapf reichen. Danach wird dieser entfernt und die Jagd beginnt. Mit der Zeit entscheiden sich auch die Kleinen für eine Ecke, in die sie fortan koten.

Sind die Jungtiere ein halbes Jahr alt, werden sie im gleichen Intervall gefüttert wie die Eltern. Erst jetzt sollten sie in fremde Hände abgegeben werden. Umziehen ins richtige Terrarium darf der Nachwuchs nicht bevor er die Größe der anderen Bewohner erreicht hat. Man sollte Nachzuchten nicht zu den eigenen Eltern setzen, um Inzuchten zu vermeiden.

Ganz wie die Alten: Auch Jungtiere beherrschen bereits Drohgebärden.

Ein gesundes Tier ist neugierig. Berücksichtigen Sie dies auch beim Kauf eines Geckos.

Krankheiten

Um Leopardgeckos muss man sich nicht so schnell Sorgen machen, denn ihre Robustheit ist sprichwörtlich. Trotzdem können auch sie natürlich mal krank werden. Da sich jedoch nicht jedes Leiden äußerlich deutlich zeigt, sollte man seine Pfleglinge stets aufmerksam beobachten. Der beste Hinweis auf ihren Gesundheitszustand ist ihr Verhalten. Die wichtigsten Anhaltspunkte sind: Fressen und koten sie normal? Sind sie lebendig oder apathisch? Auch der Zustand der Haut generell ist ein Anzeiger für Krankheiten. Dabei sollten Sie darauf achten, ob sich die Tiere komplett häuten oder ob sich merkwürdige Punkte auf der Haut zeigen?
Bevor ein Anfänger seine Tiere selbst behandelt, sollte er sich zumindest Rat bei einem erfahrenen Halter holen. Im Zweifelsfall gilt sowieso: Wer sich nicht sicher ist, was seinem Tier fehlt, darf keine wertvolle Zeit für Experimente und eventuelle Fehlbehandlung verschwenden, dann heißt es: Suchen Sie sofort einen reptilienerfahrenen Tierarzt auf. Und das besser einmal zu viel, als einmal zu wenig. Listen von spezialisierten Veterinärmedizinern gibt es unter anderem bei der DGHT. Eine solche Adresse sollte man schon vor dem Kauf parat haben, um gegebenenfalls schnell handeln zu können.

Die häufigsten Krankheiten

Appetitlosigkeit

Wenn ein Leopardgecko zwei bis drei Tage nichts frisst, muss nicht gleich Panik auf-

kommen. Gerade Neuzugänge brauchen eine gewisse Zeit, bis sie sich an ihr neues Zuhause gewöhnt haben. Ein gut genährtes Exemplar hält – dank der Fettreserve im Schwanz – ohne weiteres ein bis zwei Wochen ohne Futter aus.
Außerdem bekommt man längst nicht immer mit, ob die Tiere nicht doch etwas fressen. So stöbern sie in der Nacht das ein oder andere Futtertier auf, das sich versteckt hat. Manchmal haben sie auch einfach keinen Appetit mehr auf Grillen, wenn sie diese ständig bekommen haben. Bietet man ihnen dann ein paar Heimchen an, ist der Hunger auf einmal wieder da. Ein wichtiger Anhaltspunkt dafür, wie es dem Gecko geht, ist immer sein äußeres Erscheinungsbild. Wird das Tier zu mager, muss man etwas unternehmen. Wer unsicher ist, sollte generell stets den Tierarzt aufsuchen.

Hautverletzungen und Abschürfungen

Kleine Verletzungen sowie Bisswunden sind im Prinzip harmlos. Zur Sicherheit sollte man die Stelle jedoch desinfizieren, damit sie sich nicht entzündet. Besorgen Sie sich zu diesem Zweck vorsorglich eine geeignete Lösung vom Tierarzt. Damit kann man das Wehwehchen vorsichtig mit einem Wattestäbchen betupfen. Größere Verletzungen erfordern dagegen immer eine Behandlung. Hat sich die Wunde entzündet, muss man sie mit Antibiotika-Salbe verarzten. Um die Infektionsgefahr zu mindern, sollten verwundete Tiere ihre Verletzung in einem sterilen Quarantäne-Terrarrium auskurieren. Bei verlorenen Schwänzen muss man nichts unternehmen. Die Bruchstelle braucht nicht behandelt werden.

An scharfkantigen Einrichtungsgegenständen und stachligen Pflanzen können sich die Geckos verletzen.

Während des Wachstums müssen sich Geckos immer wieder häuten. Die Jungtiere haben eine ganz andere Zeichnung.

Hinweis: Bei Geckos sollte man generell keine Pflaster oder Verbände benutzen.

Häutungsprobleme

Die Häutung ist ein sehr sensibler Vorgang. Sie muss immer überwacht werden. Verläuft sie nicht korrekt, kann es lebensgefährlich für die Geckos werden. Normalerweise sollten alle alten Hautreste spätestens nach zwei bis drei Tagen vom Körper verschwunden sein. Hier muss man vor allem auf die Zehen und den Schwanz achten, wo am häufigsten Hautreste zurückbleiben. Werden diese nicht entfernt, trocknen sie auf dem Körper ein und Infektionen können entstehen. Im schlimmsten Fall werden die betroffenen Gliedmaßen abgeschnürt und sterben ab.

Die Hauptursache für Häutungsprobleme ist eine zu niedrige Luftfeuchtigkeit. Im Allgemeinen reicht es aus, das Terrarium öfters zu besprühen. Genügt das nicht, sollte man das Tier herausnehmen: Lassen Sie den kleinen Patienten einige Minuten lang in einem lauwarmen Kamillebad einweichen. Anschließend können Sie die Hautreste vorsichtig mit einer Pinzette abziehen oder sie behutsam mit einem feuchten, lauwarmen Tuch abmassieren. Im Fachhandel gib es dafür spezielle ölige Mittel, die gut funktionieren. Seien Sie dabei aber vorsichtig. Passen Sie insbesondere auf, dass keine Gliedmaßen abgerissen werden. Bleiben die Probleme bestehen, sollte man die Vitamin- und Mineralversorgung überprüfen, denn auch ein Mangel an Vitamin D_3 kann zu Häutungsproblemen führen.

Parasiten

Haben die Geckos zwischen den Schuppen in der Nähe der Augen, Ohren oder Achseln weiß-graue oder rot-braune Ablagerungen oder Punkte, liegt wahrscheinlich ein Milbenbefall vor. Dabei handelt es sich um sehr kleine, schwarze, bewegliche Blutsauger. Diese werden in der Regel von außen ins Terrarium eingeschleppt. Das kann schnell mal durch einen neuen Bewohner passieren oder einen neuen Einrichtungsgegenstand, vor allem wenn er aus der Natur stammt. Nun ist schnelles Handeln angesagt, denn die betroffenen Stellen jucken. Das schwächt und stresst das Tier. Zu den Sofort-Maßnahmen gehört die komplette Reinigung und Desinfektion des Terrariums, inklusive der Einrichtung. Außerdem muss das Substrat ausgetauscht werden. Was die direkte Bekämpfung der übrig gebliebenen Milben betrifft, so gibt es mehrere Alternativen.
Das Einfachste ist: Hängen Sie einen speziellen Milben-Stick ins Terrarium, und zwar an eine Stelle, die für die Geckos unerreichbar ist.

Achtung: Die Herstellerangaben beachten. Solange sich der Stick im Terrarium befindet, darf man die Futtertiere nur per Pinzette verfüttern. Eine andere Möglichkeit ist: Betupfen Sie die Patienten mit einer speziellen Tinktur. Dieser Vorgang muss solange wiederholt werden, bis alle Milben verschwunden sind. Man kann die befallenen Tiere aber auch für ein paar Stunden in eine spezielle Lösung tauchen.

Anschließend sollte man sie gut abspülen und abtrocknen. Achtung: Haben die Tiere schon große, offene Stellen, vertragen sie nicht mehr alle Behandlungslösungen. Dann heißt es ab zum Tierarzt. Sehr selten werden Leos auch von Würmern befallen. In diesem Fall muss der Tierarzt aufgesucht werden. Er kann die Art des Wurmes anhand einer Kotprobe bestimmen - und die geeignete Kur verordnen. Anfänger sollten immer einen Tierarzt aufsuchen.

Hautinfektionen

Haben die Leos entzündete Füße, ist der Boden im Terrarium wahrscheinlich zu nass und sollte ausgetauscht werden. Um zu genesen, muss der Patient jetzt für eine Zeitlang auf Zeitungspapier gehalten werden. Darüber hinaus sollte man sich vom Tierarzt eine Salbe geben lassen, mit der die Infektion lokal behandelt wird.

Maulfäule

Wenn sich das Zahnfleisch weiß- oder gelblich verfärbt, handelt es sich um die gefürchtete, aber recht seltene Maulfäule. Diese tritt meist als Begleiterscheinung einer Verletzung im Mundbereich auf. Manchmal steckt auch ein Vitaminmangel dahinter. Auf jeden Fall muss Maulfäule schnell behandelt werden. Wird damit zu spät begonnen, droht Lebensgefahr, denn Maulfäule kann sich bis zum Magen ausdehnen.
Die Behandlung sieht folgendermaßen aus:
Zweimal pro Tag werden die betroffenen Stellen mit Wasserstoffsuperoxyd und einem verdünnten Munddesinfektionsmittel eingepinselt. Terraristikanfänger sollten sich von einem Arzt einweisen lassen.

Verstopfung und Durchfall

Leidet ein Leo unter Verstopfung, hat er meist zu viel Sand gefressen. Mit einer Therapie, die aus Lebertran und Wärme besteht, geht es dem Patienten im allgemeinen bald besser. Im Anfangsstadium einer Verstopfung hilft auch ein warmes Wasserbad. Verwenden Sie als Substrat künftig Kalziumsand, um diesem Problem vorzubeugen.

Das Gegenteil – der Durchfall – kann schnell zu einer ernsten Schwächung führen. Ist der Kot wässrig steckt oft falsche Ernährung dahinter. Als Erste-Hilfe-Maßnahme empfehlen sich zerkleinerte Kohletabletten, mit denen die Futtertiere bestäubt werden. Scheidet ein kleinerer Geckos die Nahrung unverdaut wieder aus, kann es sein, dass er eine Heuschrecke hintergewürgt hat, die er nicht verdauen konnte. In diesem Fall sollte man künftig kleinere Futtertiere füttern. Allerdings kann Durchfall generell mehrere Auslöser haben. Deswegen sollte man bei diesem Symptom vorsichtshalber immer den Tierarzt aufsuchen.

Hinweis: Leidet das Tier unter sehr starken Bauchschmerzen, kann es auch passieren, dass der Schwanz abgeworfen wird. Nun muss der von den Schmerzen sehr mitgenommene Körper auch noch einen neuen Schwanz bilden. Das ist für die Tiere meist so anstrengend, dass es ihre Kräfte übersteigt – und man ihnen leider nicht mehr helfen kann.

Die richtige Umgebungstemperatur ist für die wechselwarmen Tiere überlebenswichtig.

Wissen und Erfahrung ist notwendig, damit sich die Wüstenbewohner bei uns so wohl fühlen wie in ihrer Heimat.

Rachitis-Knochenerweichung

Diese Krankheit bemerkt man unter anderem daran, dass Über- und Unterkiefer nicht mehr richtig aufeinander schließen. Der Grund: Die Knochen sind zu weich. Die Ursache dafür ist Fehlernährung. Das Tier leidet höchstwahrscheinlich unter einer Kalzium- und/oder Vitamin-D_3-Unterversorgung. Diese Mangelerscheinung tritt vor allem bei jungen Tieren auf, die sich noch im Wachstum befinden und muss dringend behandelt werden.
Wird das Defizit rechtzeitig erkannt, kann man es durch die Verabreichung von weichem Futter, das mit viel Kalzium und Vitaminen bestäubt wird, wieder ausgleichen.

Achtung: Nicht überdosieren! Ist das Tier nicht mehr in der Lage zu fressen, muss man es schnellstmöglichst in die Obhut eines Spezialisten geben. Ohne Behandlung dehnt sich die Knochenerweichung auf das restliche Skelett aus. Im weiteren Verlauf verkrümmen sich dann die Wirbelsäule, die Gliedmaßen und der Schwanz. Am Ende stirbt das Tier.

Lungenentzündung

Wenn der Atem rasselt und pfeift, liegt wahrscheinlich eine Lungenentzündung vor. Weitere Anzeichen sind Nasenausfluss, Appetitlosigkeit und Lethargie. Der Grund ist im allgemeinen: Im Terrarium ist oder war es zu kalt. Der Patient braucht jetzt Antibiotika und trockene Wärme.

Tipp: Bakterienbefall lässt sich generell durch eine Kotprobe feststellen. Diese Untersuchung nimmt jeder Tierarzt vor.

Schlussbemerkung

„Goldene Regeln“ für die Haltung von Leopardgeckos gibt es nicht. Alle Pflegetipps beruhen auf Beobachtungen aus der Praxis und wurden zum Zweck des leichteren Verständnisses verallgemeinert. Im Endeffekt wird jeder Leopard-Gecko-Besitzer seine eigenen Erfahrungen machen.
Die beste Vorgehensweise, um weiteres Wissen zu sammeln, bietet der Austausch mit Gleichgesinnten. Eine gute Möglichkeit, um die richtigen Leute kennen zu lernen, sind Börsen oder Kleinanzeigen in den Fachzeitschriften. Außerdem finden in vielen Städten Reptilienstammtische statt. Auch auf Vereinsebene kommen Leopardgecko-Fans zusammen. So beschäftigt sich die Arbeitsgemeinschaft „Echsen“ der Deutschen Gesellschaft für Herpetologie und Terrarienkunde (DGHT) mit Biologie, Vorkommen und Terrarienhaltung dieser Reptilien. Von den Mitgliedern werden unter anderem Vortrags- und Diskussionsveranstaltungen organisiert. Weitere Infos finden Sie unter www.dght.de.
Ganz allgemein lohnt sich der Blick ins Internet. Dort kann man sich in den Foren mit anderen Haltern austauschen und bekommt kostenlose Tipps zur Haltung und Pflege sowie Infos über Termine.

Achtung: Viele Angaben sind mit Vorsicht zu genießen. Zu den empfehlenswerten Seiten gehören unter anderem:
www.leopard-geckos.net/
www.leopardgecko.info/

Literaturhinweise

Falk, A. 2002: Geckos. Verlag Eugen Ulmer, Stuttgart.

Friederich, U., Volland, W., 2005: Futtertierzucht. Verlag Eugen Ulmer, Stuttgart.

Henkel, F. W., Knöthig M. & Schmidt W. 2000. Leopardgeckos. Münster.

Henkel F. W. & Schmidt W. 2002, Geckos, Frankfurt a. M.

Frye F. L. 2003, Reptilien richtig füttern, Stuttgart.

Bruse F., Meyer M. & Schmidt W. 2002, Futtertiere, Frankfurt a. M.

Henkel F. W. & Schmidt W. 2008, Terrarien, Stuttgart.